DK危险大百科
修订版

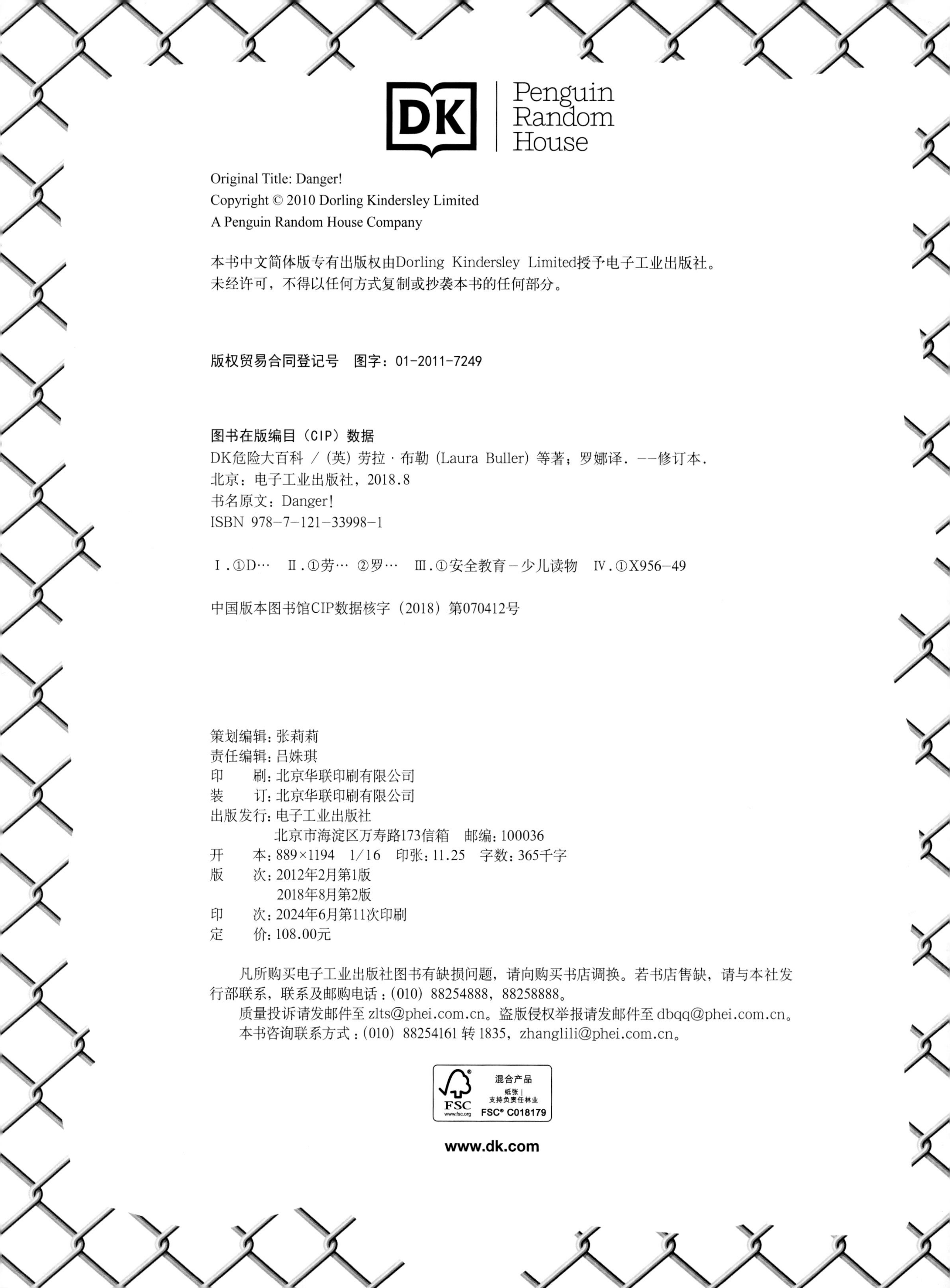

版权贸易合同登记号 图字：01-2011-7249

图书在版编目（CIP）数据
DK危险大百科 /（英）劳拉·布勒（Laura Buller）等著；罗娜译. --修订本.
北京：电子工业出版社，2018.8
书名原文：Danger!
ISBN 978-7-121-33998-1

Ⅰ.①D… Ⅱ.①劳… ②罗… Ⅲ.①安全教育－少儿读物 Ⅳ.①X956-49

中国版本图书馆CIP数据核字（2018）第070412号

策划编辑：张莉莉
责任编辑：吕姝琪
印　　刷：北京华联印刷有限公司
装　　订：北京华联印刷有限公司
出版发行：电子工业出版社
　　　　　北京市海淀区万寿路173信箱　邮编：100036
开　　本：889×1194　1/16　印张：11.25　字数：365千字
版　　次：2012年2月第1版
　　　　　2018年8月第2版
印　　次：2024年6月第11次印刷
定　　价：108.00元

凡所购买电子工业出版社图书有缺损问题，请向购买书店调换。若书店售缺，请与本社发行部联系，联系及邮购电话：(010) 88254888，88258888。

质量投诉请发邮件至 zlts@phei.com.cn。盗版侵权举报请发邮件至 dbqq@phei.com.cn。

本书咨询联系方式：(010) 88254161 转 1835，zhanglili@phei.com.cn。

www.dk.com

DK危险大百科

修订版

[英]劳拉·布勒　苏珊·肯尼迪　吉姆·派普　理查德·沃克　著
罗娜　译

電子工業出版社
Publishing House of Electronics Industry
北京·BEIJING

目录

第一章 自然界的恶棍

第二章 岌岌可危的星球

第三章 吓人的地方

第四章 恐怖的科学

第五章　人体内的恐怖事件

第六章　暗藏在身边的危险

第七章　历史上的各种危险

第一章 自然界的恶棍

自然界虽然看上去一派和谐，却也充满了各种各样令人不快的意外……所以当大自然将它邪恶的一面展现出来的时候，你一定要处处小心提防，时时保持警觉。无论是在漂亮外表下掩藏险恶秘密的植物，还是看似无害实则致命的动物，都在向你证明大自然中总是危机四伏。请小心行事！

狂野·暴徒

动物杀手

蚊子"嗡嗡"蒙蒂

毒蛇"嘶嘶"哈利

切勿靠近！

每年约有100万人死于由蚊子传播的疟疾

信不信由你，这个小东西是地球上最危险的动物。不要因为它没有尖锐的牙齿和致命的利爪而被迷惑了。这种寄生虫靠吸食人血为生，并在人与人之间传播疟疾之类的致命疾病。人们认为这些致命的蚊子大多生活在地球上的热带地区。

小心脚下！

每年有近9万人死于致命的毒蛇咬伤

尽管嘶嘶的声音总是暴露它的行踪，但是这位滑溜溜的不速之客非常善于隐蔽，更会在你毫无防备的情况下袭击你。尽管并非所有的蛇都是危险的，但你也肯定不愿意碰上一条眼镜蛇王——它只要咬一口就能让一头成年大象毙命。如果你正身处于南亚的丛林中，当地的人们往往会告诫你一定要当心脚下。

团伙成员

鲨鱼“切割机”

它要为每年近百起袭击事件负责

鲨鱼也许不是暴徒团伙中的智多星，但是它灵敏的感觉是首屈一指的。得益于特殊的感受器细胞，哪怕是由最细微的动作发出的电子信号，鲨鱼也能探测得到。因此，如果你发现自己闯进了鲨鱼的领地，千万别动！这个物种里最厉害的当属大白鲨，它不仅是可怕的食肉动物，还有十分惊人的嗅觉，能从百万滴海水中闻出一滴血的味道。

大象“压路机”

每年有大约600人被它踩踏

不是所有大象都是我们所认识的温和的大家伙。它们是世界上最大的陆地哺乳动物，体重高达6吨，是动物王国中的巨人。作为非洲和亚洲最为危险的动物之一，它们有时会变得非常具有攻击性，甚至在毫无预警的情况下发起攻击。如果这样的情形发生，你最好逃到最近的树上躲避。

大型猫科动物“巨爪”

它的绝招——撕扯，每年导致约250人死亡

它们拥有庞大的形体，骇人的尖牙，尖利的爪子和闪电一样的速度，它们是大型猫科动物，它们是完美的猎手——狮子、老虎、豹子和美洲虎。如果你在非洲或印度遇上一只狮子，你最好期望它已经吃饱了，因为你一旦被它的目光锁定，就没有什么逃跑的希望了。这时你能做的就只有静止不动，并且装得很强大、很吓人。最重要的就是，告诉它你一点也不怕它。

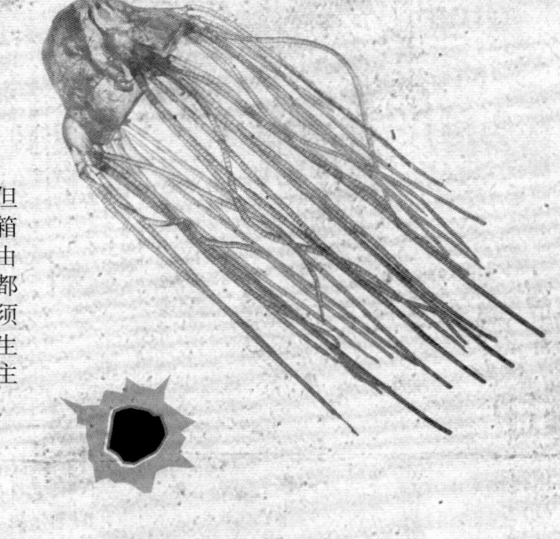

水母“毒手”

它有毒的螯针每年能让100多名游泳者丢掉性命

这种神奇的生物看上去也许十分脆弱，但是你千万别被它的外表蒙蔽了。致命的箱型水母具有瞬间致人毙命的毒素，每年由它亲手犯下的命案比海洋中的任何动物都要多。一只箱型水母就有16只触须，触须长达3米，上边覆满了螯针。这些有毒的生物通体透明，人们很难发现它们。它们主要生活在澳大利亚。

鳄鱼“血盆大嘴”

它每年会咬伤或咬死2000人

鳄鱼会狡猾地把自己伪装成一截滚木，在水中静静地漂着，保持好几个小时一动不动。然后，它会突然冲出来，然后用它强有力的大嘴把猎物拖到水下使其溺水而亡。一条饥饿的鳄鱼会吃掉猴子、蛇、牲畜，甚至是人——来者不拒。这些杀手大都潜伏在河流或湖泊里，所以在这些地方游泳的时候一定要看清周围的情况。最具有攻击性的鳄鱼分布在东南亚、非洲地区和澳大利亚。

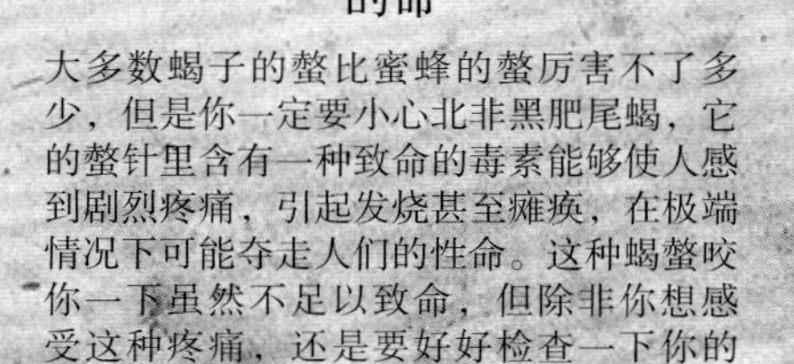

蝎子“螯针”

它致命的螯每年能要了5000人的命

大多数蝎子的螯比蜜蜂的螯厉害不了多少，但是你一定要小心北非黑肥尾蝎，它的螯针里含有一种致命的毒素能够使人感到剧烈疼痛，引起发烧甚至瘫痪，在极端情况下可能夺走人们的性命。这种蝎螯咬你一下虽然不足以致命，但除非你想感受这种疼痛，还是要好好检查一下你的鞋子！

鲨鱼袭击

鲨鱼是名副其实的"海洋连环杀手"？还是它们并不被人类理解，也觉得人其实并不可口？它们是精心策划每次袭击的凶残猎手？还是恰巧在张开大嘴的时候游到了我们身边，然后，呃，咔吱咔吱地把人吃了？你来决定吧！

一般的推理

事实上，人们在浅水或沿海地带能碰到的鲨鱼仅仅占375种鲨鱼中的15%。这已经将危险发生的可能性大大降低了。而其中只有4种是85%袭击事件的罪魁祸首，它们分别是大白鲨、虎鲨、牛鲨和白鳍鲨。其他的鲨鱼则因为体形较小或不够凶猛而不会危及我们的性命，当然了它们也会咬人的！

鲨鱼的三种攻击

鲨鱼在采取先撞后咬的方式攻击人类的时候，通常会围着受害人（他或她可能是空难或海难的幸存者）转圈，然后以自己像砂纸一样粗糙的皮肤撞向他或她，最后狠狠地一口咬下。鲨鱼会反复撞击和啃咬受害者直到它将受害者撞倒。在临近海岸的浅水区，鲨鱼经常运用先撞后跑的战术。正在寻找其他猎物的鲨鱼，会突然靠近并咬掉人腿或脚上的一大块肉。它通常会觉得人的味道不怎么样，然后就游走了。在深海中，鲨鱼只要出其不意地从某个地方冒出来，就能迅速发动攻击了。

袭击事件统计
每年全球大约有30到50起鲨鱼无缘无故袭击人类的事件。即使是在鲨鱼袭击事件最多的年度（2000年），这样的记录也仅有79起，其中有11人不幸丧生。
我在海水里闻到了也尝出了血的味道，所以就跑过来帮忙了……我说的都是真话！我可是个救生员！
哦，我以为那是一头美味的海豹。它的腿从冲浪板上露出来，看起来就好像鳍一样。
我只想划好自己的领地，谁都不能来这里游泳。
狼吞虎咽！咬牙切齿！吃饱打嗝！
老兄，我被它金光闪闪的首饰晃晕了，还以为是鱼鳞。真的！
大白鲨垃圾清理处理机
鲨鱼似乎喜欢把一切东西都吞进它的大嘴巴——有人甚至认为鲨鱼把这些东西吞进肚子是为了增加身体重量，便于潜水。人们在不同地点和时间抓住的鲨鱼肚子里发现了很多东西，比如：一只基本完整的麋鹿尸体，三罐啤酒，一个手提袋，一块手表，一只成年的西班牙斗牛犬，还有一个穿着盔甲的无头男尸。
吃磷虾的鲨鱼
鲨鱼越大，就撕咬得越凶狠，对吗？这可不是真的。事实上你不必害怕那些体形最大的鲨鱼，例如鲸鲨和姥鲨。这些巨大的滤食性动物在游弋的时候嘴巴大大地张开，把数量惊人的磷虾、浮游生物、小鱼和乌贼从水里滤进嘴里。
狼吞虎咽！
咬死人的大嘴
在鲨鱼强有力的上下颌上，排列着呈锯齿状的一排排尖利的三角形的牙齿。一旦有牙齿脱落，就会有新的牙齿长出来！只要一口，鲨鱼就能撕裂一大块厚厚的鲜肉，或者完全咬掉人们的一条胳膊或一条腿。鲨鱼的大嘴完胜！

鲨鱼与敌果！

罗德尼·福克斯的真实可怕经历

1963年12月8日
卫冕冠军罗德尼·福克斯和其他参赛者来到澳大利亚南部城市阿德莱德的海边，准备参加一年一度的捕鱼大赛。

每个潜水员都在腰带上绑了一条绳子，用来拴住他们的战利品。没过多久，绳子上就系满了沉甸甸的鱼，鲜血染红了清亮的海水。

罗德尼在水中发现了一个光点：那是一只足足有一千克重的唇指鲈鱼。要是能抓住它，冠军就非他莫属了。于是他渐渐下沉瞄准了猎物。

他还没来得及扣动扳机，一股巨大的力量就从他左侧冲了上来，鱼枪从他手里掉了下来，面罩也脱落了。

是一头大白鲨……它也在捕猎。

难以置信，简直不可思议……谢天谢地……鲨鱼丢开罗德尼跑掉了。

罗德尼自由了！现在他得逃出这个可怕的地方。为了自卫，他伸出胳膊与鲨鱼打斗，却倒霉地把手放进了鲨鱼的那张布满锯齿状牙齿的血盆大嘴里。他前臂和手上的肉顿时被撕扯下来。

鲨鱼的嘴巴紧紧地闭着，牢牢地钳住了还吊在罗德尼腰带上的鱼。然后，它拽着罗德尼一起向下游去。罗德尼的身体不停地旋转，忙用手解开腰带上的绳子，他觉得自己会被鲨鱼拖死的。

突然间“啪”的一声！绳子断了。罗德尼挣扎着游到了海面，他此时遍体鳞伤，头晕眼花。袭击他的鲨鱼则游向黑暗的深海，寻找下一个猎物去了。

附近的一些朋友迅速把船划过来搭救罗德尼，把他拖到了船上。他伤得很重。他的胸廓被压碎了，肺部被撕开，他的腹部、脾脏和主动脉都露了出来。多亏了他身上的潜水服才能把这些东西绑在一起没有散掉。

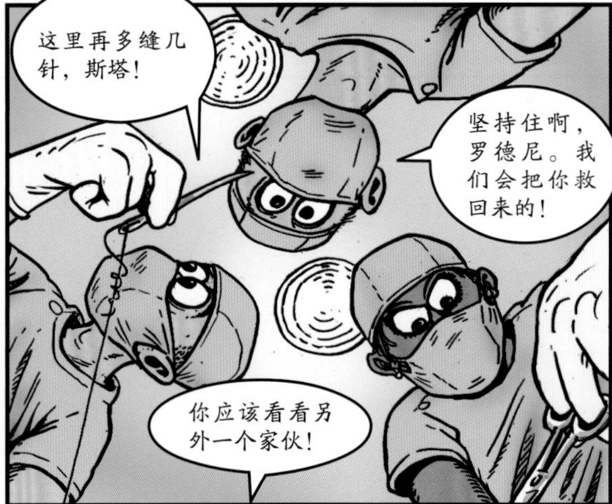

罗德尼被呼啸而来的救护车送到了最近的医院，医生通过手术把他破碎的身体组装到一起。手术进行了4个小时，总共缝合了462针，医生们终于把罗德尼从死神的手里抢了回来。

罗德尼从鲨鱼猛烈的攻击中死里逃生。鲨鱼撕咬的伤疤和埋在他腕关节里的那一部分鲨鱼牙齿，时时刻刻都在提醒着罗德尼曾经发生过这场劫难，生怕他忘记……

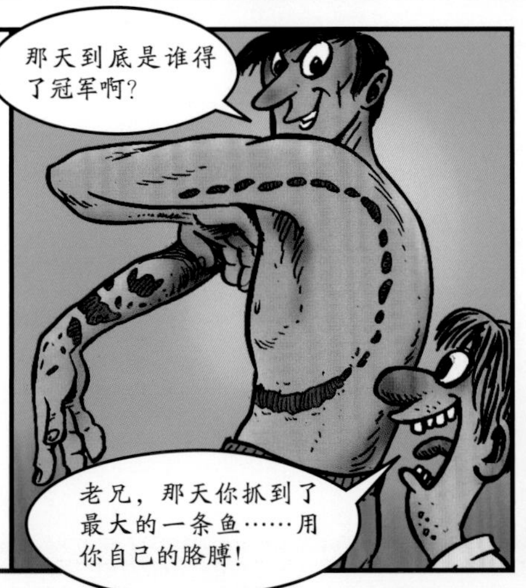

经过几个月的恢复，罗德尼又能潜水了。他十分渴望对这个几乎夺走他生命的强劲对手有更多了解，于是就设计了世界上第一个水下观察笼，让潜水的人能够安全地在近距离内研究鲨鱼。

罗德尼·福克斯后来成为了世界上研究大白鲨的权威。尽管鲨鱼差点让他送命，他还是成为了拯救濒临灭绝鲨鱼活动的领袖。

嗨！男孩儿、女孩儿们！我是小红帽，我正要穿过这片树林到外婆的小屋去，把我篮子里的好吃的送给她。你说什么？也许我应该把它们寄过去？胡说！我已经从这片神奇的森林里走过无数次了，从来没遇到过什么危险。咱们出发吧……

猎鹰

嘿，笨蛋！我猜你一定要俯冲下来，用你像刀一样锋利的爪子抓住我的红斗篷，或者用尖利的嘴来啄我。其实我知道你只是想保卫你的领土……我会跑进树林里，这样你就很难发现我了。我既不会慌张，也不会乱跑，只会直视你亮晶晶的圆眼睛。

北极熊

北极熊先生，你家离这里很远，不过我知道该怎么对付你。我会盯着你的眼睛，然后慢慢退到可以安全隐蔽的地方。在撤退的时候丢出去几块马芬蛋糕，外婆也不会怪我。北极熊会停下来闻闻蛋糕的味道，这能为我争取一些逃生的时间。

小心猛兽

美洲狮

美洲狮，要是说我一点也不怕你，那是骗人的。我要冷静沉着地慢慢后退，保持身子站得又高又直，并且用平缓的语调说话，让它知道我不会威胁它。我可能会把自己的小红帽遮过头，这样我看起来就更强壮一些。当你受到美洲狮的攻击时，奋起搏斗要比落荒而逃更好。

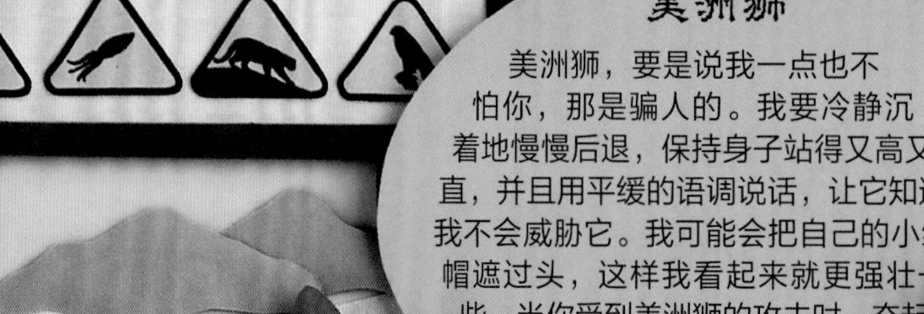

非洲猎豹
你看起来好像是只超级坏的猫，但我知道你只有在幼崽受到威胁时才会发动攻击，不过我可没有在附近看到任何小家伙。而且，和狮子比起来，你并没有那么厉害的尖牙利爪。最好的办法就是我自己保持不动，看着你的眼睛，慢慢倒退或者等着你离开。这样就对了，乖猫。
棕熊
就快到了，不过那里有只熊。我想，应该是只棕熊！我要直直地盯着它的眼睛，而且只能丢掉那些马芬蛋糕来拯救我的小圆甜饼了。我得向后退，不能试图逃跑或者爬到树上去。我也可以装死，把身子蜷成一个圈，保护我的肚子、喉咙和头部。一旦棕熊离开了，我就能跑到外婆家去了。
巨型乌贼
哎呀！外婆真该考虑考虑搬到大城市去了。看看你呀，这只让人毛骨悚然的食肉乌贼。即使你的嘴里长满了尖尖的牙齿，那也吓不倒我。你咬人只是为了自卫。我可以闲庭信步，甚至不用担心你会把墨水喷到我的斗篷上……我把它送去干洗就行了。
麝牛
哦，这可真够荒唐的。外婆告诉我麝牛在防御的时候，会聚到一起并用它们尖利的角向敌人示威。麝牛轻易不会攻击人类，除非我们靠得太近。因此，我会避开麝牛先生抄近路走，以防自己变成烤肉串上的肉。

海豚

海豚友善的脸上总是露出微笑，它们在水中嬉戏的时候互相会用牙齿打架。但是任何事情都有阴暗的一面：据了解，宽吻海豚会杀死自己的孩子，还会在原因不明的情况下追捕鼠海豚，穷追猛打直到它们死亡，然后玩弄它们的尸体。也许它们只是一时精神错乱了。

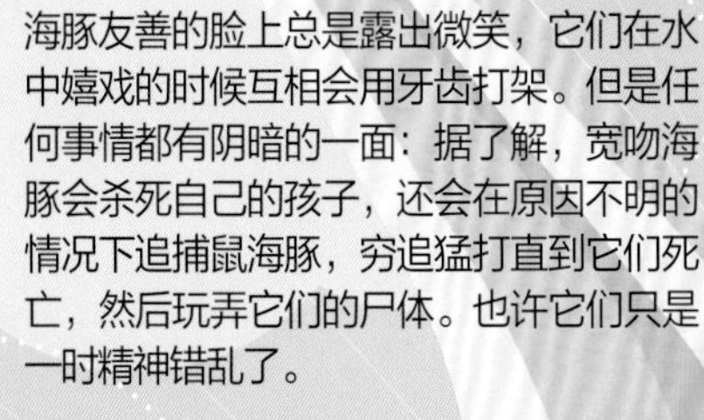

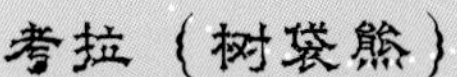

考拉（树袋熊）

它有像天鹅绒一样柔软的、圆圆的身体和毛茸茸的耳朵，这些居住在树顶上的小动物真是可爱至极。可是请你看一下它们不怎么可爱的爪子吧，它的爪子天生就是用来剥掉坚硬的树叶、攀爬树枝的。如果你向它发起挑衅，它会用尖利的爪子抓破你的皮肤。它们还会咬人，简直连想想都会觉得痛。

树懒

树懒的那双卡通的大眼睛和毛茸茸的身体看起来真可爱，可它却能玩一个闪电般迅速的把戏。它的胳膊肘内侧能分泌出一种毒素，然后它会将这种毒素与自己的唾液混合。当它啃咬对方的时候，就会喷出这种混合毒素的口水。这种毒素能引起剧烈的胃痛，有时候甚至会致人死亡。

可爱的外表，可怕的本质

哦！快看这些可爱的动物啊。难道你不想带一只回家好好疼爱它吗？不过，再好好考虑一下吧，因为这些吸引人的小家伙都有一个小秘密：它们有时会攻击甚至杀死人类。它们可能看上去可爱极了，祈求你们把它们带走，给它们一个温暖的怀抱，但是危机就潜伏在它们的天性中。不论它们的外表多么的让人难以抗拒，你都要拒绝它们！

卷尾浣熊

这个甜心的昵称叫作“蜜熊”，这是因为它有一身金黄色犹如蜜糖的皮毛，而且它还喜欢用舌头蘸花蜜吃。睡觉的时候，它喜欢用自己的大尾巴把身体裹起来，就好像裹着一床蓬松的羽绒被。但如果你吓到了一只蜜熊，它就会发出一声可怕的尖叫，然后用爪子挠你，用牙齿咬你。甜心，那可一点也不好玩。

熊猫

熊猫有双黑眼圈，一张又圆又憨厚的脸，一个圆滚滚、毛茸茸的身体，看起来就好像放大版的熊猫玩偶一样。但如果你激怒了一只熊猫，那么，你就赶紧为应付一场大混战做好准备吧。熊猫和其他熊类一样，抓和咬都很厉害，甚至能把皮从你的身上撕扯下来。

臭鼬

长着黑白条纹的臭鼬有一双亮晶晶的大眼，一根大刷子似的尾巴，但如果它把自己的屁股对着你，你就赶紧躲开吧。臭鼬能从肛门附近的两个腺体里释放出混合毒气，气体中含有恶臭的化学物质，能够让你暂时失明，而且这种恶臭的味道会让你呕吐。

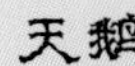

天鹅

当这些美丽的鸟儿凫水划向自己的伴侣时，会弯起脖子，这时两只鸟儿的脖颈会构成一个爱心的形状。但是宁静美好的景象会在瞬间被破坏，特别是在天鹅的宝宝们受到威胁的时候。天鹅会用其强有力的翅膀拍打敌人，还会用尖利的嘴啄敌人。

鸭嘴兽

鸭嘴兽有鸭子的扁嘴、水獭的脚丫、海狸的尾巴和毛茸茸的身体，这真是一个既可爱又难看的组合。而它的一些行为也与它的外表相符合：当一只雄性鸭嘴兽袭击它的敌人时，它后脚跟上中空的刺里会释放出一种毒素，足够毒死一些小动物，也能够让人们连续数月都忍受疼痛。

水獭

水獭在河流中穿梭，这些光滑油亮的小家伙好像一整天都在玩耍，但是在交配的季节它们的动作却很粗暴。攻击性很强的雄性水獭能袭击并杀死一只宠物狗。你可得离它们远一点。

暗夜追踪者

为什么有很多动物昼伏夜出？在热带，因为夜晚天气较凉爽，所以一些动物这时才出来打猎。其他的动物可能是因为有夜幕的掩护采取行动，也许是因为这时争食的对手比较少。夜行动物通常都有很好的听力和嗅觉，即使是在光线最暗的环境中它们的眼睛也能适应。我们赶紧来看一些夜晚觅食的食肉动物……你就会发现为什么只有在夜里才能更好地观察它们。

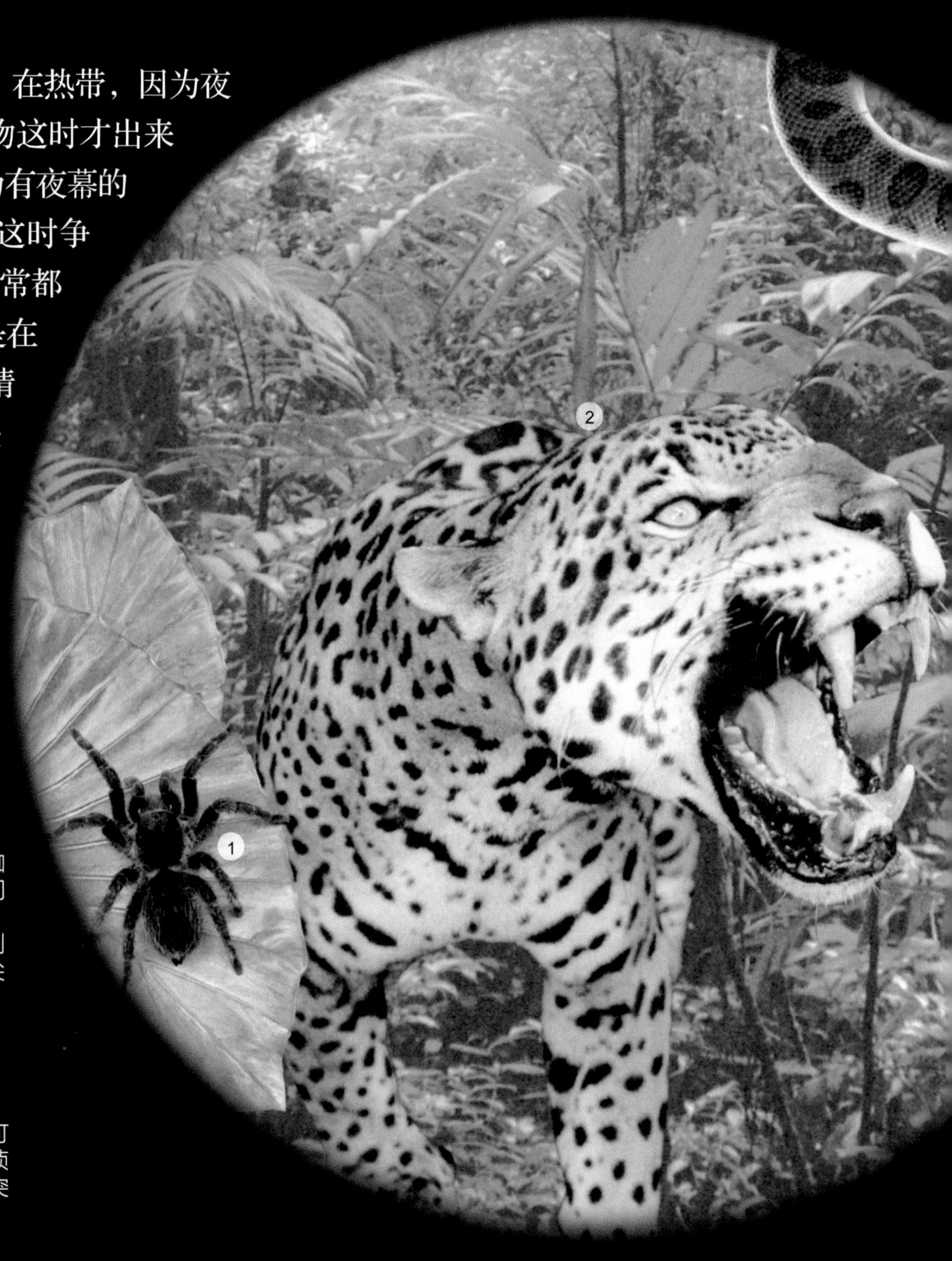

1.狼蛛

这个和茶杯一样大小的恐怖分子不会像其他蜘蛛一样用网捕获自己的猎物。相反，它在夜间四处爬行，用吓人的毛茸茸的长腿抓住青蛙、蟾蜍、老鼠，甚至是小鸟，然后把毒液注射到它们的身体里，让它们瘫痪，最后用自己的尖牙狠狠地咬下去结束它们的生命。

2.美洲虎

美洲虎在树林间静静地穿梭追踪猎物，这只可怕又凶猛的大型猫科动物用它超强的听力来侦察猎物（鹿、水豚和貘）的去向。然后，它突然扑向可怜的猎物。美洲虎的撕咬非常有力，它能压碎猎物的头骨并穿透它的大脑。

3.绿森蚺

南美绿森蚺是世界上最大的蛇，这只爬行动物可以长到8.8米长，30厘米粗。它靠捕食野猪、鹿、鸟类、龟和美洲狮才能长到这么大。这种蛇用自己的身体把猎物紧紧缠起来用力挤压，让猎物窒息而死。

4.猫头鹰

这个安静的猎人以老鼠、地鼠和其他小型哺乳动物为食。它特殊的翅膀羽毛有消声作用，可以让它们悄悄靠近猎物然后发起突袭。猫头鹰惊人的视力能帮它找到猎物的准确位置——一些猫头鹰能在一片漆黑的环境中捕食，因为它们主要靠听觉来找到猎物。

5.纳氏鼠耳蝠

这种夜间捕食的高手靠回声寻找它们的猎物，也就是说，它们在飞行的时候会通过嘴或鼻子发出短促而高频的声波。然后，它会根据回声，辨别出猎物的具体方位，以及猎物的大小和它运动的方向。

6.红眼树蛙

红眼树蛙居住在中美洲的雨林里，白天它们隐藏在树木上休息，夜晚来临的时候，它们就出来捕食昆虫。如果猎物出现，它们会睁大自己血红的大眼睛，露出橘红色的大脚蹼，把猎物吓得忘记逃跑。

7.帚尾袋貂

袋貂是体形跟猫差不多的有袋类哺乳动物，它们在夜间寻找昆虫、水果、蜘蛛、树的汁液以及种子。尽管大多数时间它们都很安静，但是帚尾袋貂能发出令人讨厌的嘶嘶声。一些袋貂会携带牛结核病菌，导致牛的肺部感染最终死亡。

8.白腹长尾穿山甲

穿山甲的身上覆满了一排排重叠的鳞片——这些鳞片就好像人类的指甲。在夜晚，它能嗅出白蚁和蚂蚁的巢穴，用尖利的爪子撕裂它们，用它黏糊糊的大舌头把这些虫子都舔进嘴里，然后整只吞下肚子。穿山甲在受到攻击时会蜷起身子变成一个球。

9.臭鼬

在夜幕中，臭鼬们离开它们共同居住的巢穴去森林里寻找食物。它们四处嗅嗅，寻找食物的线索，挖出家鼠、田鼠或者不小心从窝里掉下来的鸟蛋以及昆虫、水果和坚果当作食物。臭鼬会在地上滚动毛毛虫，这样就能去掉它们的毛毛饱餐一顿了。

10.眼镜熊

这种产自南美洲的熊因为长着奶油色的眼圈而得名。白天的时候，眼镜熊就睡在“树屋”里，这是它们用一排小木棍在树顶上搭起来的栖身所。夜幕降临的时候，它们在这里找果实和树叶吃。

吸血鬼来袭！

好恐怖啊！这些令人毛骨悚然的生物对包括你在内的其他动物的血液充满了贪婪的渴求。它们用自己畸形的口器刺穿皮肤和血管，然后吸取或舔食血液好把肚子填满，等到它们饿了就会再次重复这一可怕的过程。你一定要小心，不然下一个被吸血的就是你！

蚊子

你一定要小心母蚊子。它们能通过你身上散发出来的化学物质的气味和热量找到你，落在你的皮肤上，把一根尖利的喙刺进去。吸血的时候，它的唾液会阻止你的血液凝固。随着血越吸越多，它的肚子也会慢慢鼓起来，与此同时，你的皮肤上也会慢慢鼓起来一个讨厌的很痒的包。

跳蚤

这种没有翅膀的小虫子，能蹦到它们身体200倍高度的吸血对象的身体上，凭着它们纤细的身体穿透皮毛或毛发。跳蚤用中空的喙刺进你的皮肤，然后饱饱地美餐一顿人血大餐，留给你的只有难以忍受的痒痒。

臭虫

你舒服的床上有什么东西像可怕的噩梦一样在等着你？也许，臭虫就潜伏在床单里或者躲藏在小小的缝隙里，等到黑夜来临它们就会发起攻击。它们长着像鸟一样的喙，等它们吸饱血的时候，身体能涨得跟苹果籽一样大。

水蛭

水蛭长得很像肉虫子，它用分节的吸盘吸附在宿主身上，然后释放出一种酶，这让受害者即使被吸了大量的血也完全没有知觉。一只水蛭能吸20分钟的血，吃饱了以后身体撑到原来的5倍，然后从宿主身体上脱落下来消化它的大餐。水蛭从不挑食，它还会吸食动物尸体和开放性伤口上的血。

蜱虫

蜱虫在高高的草上等待宿主经过，把像钳子一样的饲管刺进宿主的体内。牙齿会向它们自己的身体方向弯曲好牢牢地依附在宿主身上。一旦沾上宿主，它们会好几天都不走，直到把自己喂饱。而它们留给宿主的不仅仅是痒痒的伤口，还会将许多危险的疾病传播给他人。

瘤蝽

瘤蝽是伪装大师，它的色彩十分鲜艳，常常一动不动地完全隐藏在花朵上。当它要捕捉的猎物靠近时，瘤蝽会迅速伸出粗粗的前腿抓住猎物，将短喙里的毒液注射到猎物身体里把它弄晕。最后，它会吸光猎物身体里的全部血液和体液。

吸血蝙蝠

在夜幕的掩护下，吸血蝙蝠爬到或飞到它的猎物身边，找到最接近体表的血管，用它的牙在上面切开一个锋利的口，然后蝙蝠会通过舌头将口水滴到伤口上，来阻止血液凝固。它会足足享用上20分钟的时间。

吸血鸣鸟

你一定要小心这些在加拉帕戈斯群岛上栖息的嗜血的小鸟。在旱季，当它的食物花蜜供不应求的时候，它会啄伤海鸟，吸食海鸟流出的血。其他的鸣鸟会排队等待机会，一只啄完了另一只又跟上。

叮人的动物

注意！入侵者正在潜行觅食，它们的装备是叫蜇的武器，绝对是危险生物。它们的致命武器能够穿透其他动物的皮肤，并把一种毒害神经和杀死细胞的混合毒液输送进去。其中一些物质能够造成短暂性的疼痛感，但是其他的一些物质更厉害，可能导致极大的痛苦甚至死亡。

僧帽水母

僧帽水母的粉蓝色的身体里充满了空气，看起来就像果冻一样，它还戴着一顶粉红色的起皱的帽子。当这种海洋无脊椎动物在海面上漂浮的时候，身后总是拖着18米长的触手。千万不要用手去碰这些触手，因为它们有毒，你一接触它们，就感到灼痛，并会长出水疱。

芋螺

尽管芋螺爬得像蜗牛一样慢，但是这些居住在暗礁上的腹足纲软体动物也有动作迅速的时候。芋螺一旦选好猎物，会从它可以伸长的“手臂”上射出像鱼叉一样的牙齿叮住它们，然后释放出上百种毒素让猎物瞬间瘫痪。它们的叮咬对人类是致命的，而且目前还没有已知的抗毒血清，因此一定要离它远远的！

蜜蜂

蜜蜂蜇人的时候，它蛰针尖端上的倒钩会钩住受害者的皮肤，所以当蜜蜂从你身体上退出来的时候就把尾部留在你的身上，不过你的痛苦还没有就此结束：蛰针还会在10分钟内不断涌出毒液——由40种原料组成的混合物，同时还会释放出一种信息素警告附近的蜜蜂远离攻击——撤退！

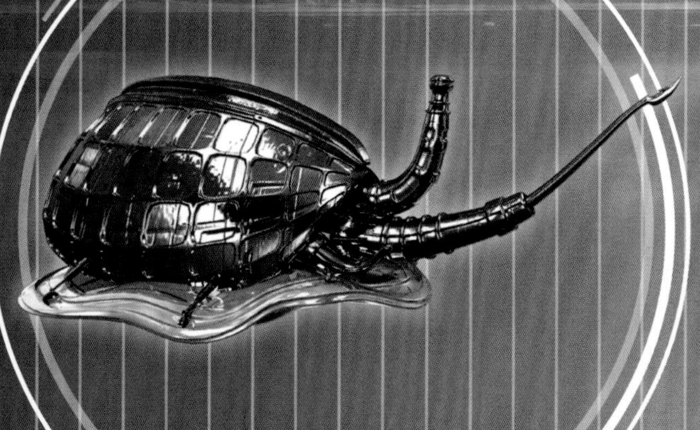

子弹蚁

被来自南美洲的子弹蚁叮咬，感觉就好像被打了一枪似的。科学家们认为，子弹蚁在全世界昆虫中叮咬的剧烈和疼痛程度位列榜首。这种疼痛常常会持续3个小时，并伴随着恶心、出冷汗以及身体颤抖。赶紧离它远一点！

沙漠蛛蜂

怀孕的蛛蜂会用自己的蛰针叮咬狼蛛，使它们瘫痪然后将卵产在昏厥的狼蛛身上。当小蛛蜂孵化后，它们就会将狼蛛生吞入腹。沙漠蛛蜂很少叮咬人类，这是个好消息，因为被它们叮咬的疼痛不亚于被闪电击中。赶紧离开！

黄貂鱼

黄貂鱼的尾巴上武装着一根或多根尖利的有锯齿边缘的刺，一旦发起攻击它就会猛地拍打它的尾巴。这种鱼会向拍打造成的伤口上吐毒性极强的毒液，造成瞬间剧痛。尽管它们不会主动攻击人类，但是如果你不小心踩到它们身上，它们还是会攻击你的。

蝎子

世界上有上千种蝎子，尽管其中绝大多数都是对人类无害的，还是有少数的蝎子在尾部长着含剧毒的蛰针。这些毒素从被叮咬的伤口传遍全身，引起麻痹、抽搐、呼吸困难和呕吐。赶紧躲开！

亚洲大黄蜂

虽然这只虫子只有拇指大小，被它叮到的感觉却像把一根灼烫的钉子插进皮肤里，但这种疼痛的罪魁祸首是毒液。这种毒液的毒性十分强大，足以分解人类组织，并能通过神经系统输送导致疼痛的化学物质，其中的毒素能够致人死亡。

危险的有毒一族

地球上有上千种不同的有毒动物。在这些动物的腺体或皮肤上都带有毒素，能够杀伤任何想要啃咬、闻嗅或是碰触它们的动物。毒素会侵袭神经系统或者让心脏和肺脏停止运转。

在大多数情况下，有毒的动物都披着华丽鲜艳的外衣，所以你一定要牢牢记住这点，见到它们就躲得远远的。

黑头林鵙鹟

林鵙鹟的家族都披着颜色醒目的橙黑相间的外衣。这种鸟的老家在新几内亚岛，靠捕食有毒的甲虫为生，因此它们的皮肤和羽毛能产生神经毒素。如果一条蛇或一只鸟攻击它们，有毒的羽毛就会立刻击退敌人，并让敌人感到麻痹和疼痛。

火焰乌贼

这种长相奇怪的生物常见于澳大利亚和印度附近的海域，它们用手臂划水，在海床上游弋，四处寻找食物。乌贼在跟踪它们的猎物时可以在瞬间变换颜色伪装自己。而且，为了保护自己免受其他捕食者的猎杀，它的肌肉组织中含有一种毒性很强的毒素。

石头鱼

石头鱼静静地躺在海床上，用背上的刺作为武器，防御鲨鱼和鳐的攻击。如果有敌人突袭，它们就会射出毒素，让对手感到麻痹、疼痛。

甘蔗蟾蜍

只要一感到有危险，甘蔗蟾蜍就开始“嚎啕大哭”，并从它眼睛附近和背脊上的腺体里慢慢释放出一种白色的液体。只要接触到这种乳状的毒液，人就会肌肉抽搐、四肢麻痹、呼吸困难，然后心脏停跳。所以，千万别为了安抚一只眼泪汪汪的蟾蜍用你的嘴去亲它，否则你心里好受了，身上可就难受了。

帝王斑蝶

帝王斑蝶处于幼虫阶段时，这些美丽的蝴蝶会吸食乳草属植物的汁液，并从这些植物中提炼出一种让心脏停跳的毒素——糖苷 。捕食的时间，鸟儿看到翻飞的帝王斑蝶就会高兴地扑上来，但它们很快就会发现，吞掉这只蝴蝶就会中毒。但这仍然不能阻止一些鸟儿的脚步，比如黑嘴黄鹂，因为它们能够耐受帝王斑蝶的化学毒素。

黑带二尾舟蛾的幼虫

黑带二尾舟蛾的幼虫身上覆盖着一层长长的浓密的绒毛，这下面还藏着一个让人讨厌的秘密：绒毛的下面是中空的毛刺，它们与储满了纯毒液的小囊连接。只要一碰这种幼虫，它就会释放出毒素，敌人就会灼痛、瘙痒和头痛。

海参

海参在遇到危险的时候，就会从尾部排出一个装满毒药的特殊器官。在海水中，这种器官会分解成黏稠的有毒小管，附着到攻击者的身上，让对方肌肉麻痹，孤立无援。这种毒液如果进入眼中，也能导致永久性失明。千万别把它当作三明治的配料吃下去哦！

箭毒蛙

箭毒蛙是世界上毒性最强的动物之一，相当于130到194毫克食盐剂量的毒液就能够杀死一个成年人。这种青蛙来自中南美洲，它把自己的毒液藏在皮肤下。这种可怕的毒液能使人肌肉麻痹，肺部停止工作，甚至致人死亡。

火蜥蜴

当捕食者抓住火蜥蜴的时候，这种色彩艳丽的蝾螈会从头部附近的小孔和脊柱两侧释放出一种乳液状的毒液。毒液会引起肌肉抽搐，并损伤心脏和肺部。算你厉害，火蜥蜴。

虎鲸（逆戟鲸）

虎鲸是最大的海豚科动物，它拥有“海中之狼”的称号，因为它们总是成群结队地外出捕猎。它们悄悄地跟踪一群群的鱼类或者海洋哺乳动物，用几乎无声的信号相互之间保持联系而不会被它们的猎物发现。虎鲸会同时从四面八方向猎物发起进攻，并且一同分享狩猎的成果。

梭鱼

“海中之狼”与“洋中之虎”狭路相逢。梭鱼装备着满口的狼牙，胃口奇大无比，是天生的杀手。当这些凶猛的鱼成群捕猎时，它们会把鱼群赶到一起，然后突然加速冲进鱼群咬下数条鱼的肉。

军蚁

军蚁生活在有70万只蚂蚁的大型殖民地上。当它们出击时，20万只左右的军蚁团会同时向猎物发起进攻，这种行为被称作“群体攻击”。它们会用锋利的上下颚把猎物尸体上的肉削碎——这可不是野餐。

团伙捕猎！

许多动物都喜欢成群结队地捕食猎物。有时候群体捕食要比单打独斗好得多，尤其当猎物是个大块头的时候。群体捕猎也容易迷惑猎物。其他动物组成团体捕猎是因为它们生活在一个大家庭里，大多事情都是大家同心协力完成的。

蜜蜂

当成千上百只嗡嗡飞舞的蜜蜂涌出蜂巢并在半空中旋转形成一个狂怒的云团时，此时它们并不是在追击你，而是在搬家。当储存蜂蜜的空间不够时，蜜蜂就会涌出蜂巢。蜂王和蜂群会来到一根树干旁，而侦察蜂则会寻找合适的地点建造新的蜂巢。

非洲野犬

非洲野犬的家族整日成群地在非洲的草原和林地中游荡，它们身上都有色彩斑斓、独一无二的印记，让它们能分辨彼此。它们组成队伍开展狩猎活动，就如死神来临。由20只野犬组成的队伍足以应付比它们大得多的猎物。它们的利齿比吼叫要厉害得多。

栗翅鹰

尽管大多数鸟类喜欢单独狩猎，栗翅鹰却喜欢成群结队地外出捕猎，蜥蜴、兔子、大些的昆虫和其他鸟类都是它们的目标。有时，它们中的一些会动身前去巡逻直到发现并捕获猎物，鹰群的全部成员会一起分享劳动成果。还有的时候，鹰群会静悄悄地围住猎物，其中一只鹰会冲出去吓唬猎物，其他的成员再共同发起进攻。

摩门蟋蟀

当数百万只摩门蟋蟀汇聚成群的时候，它们的破坏力足以摧毁整片庄稼或菜地。它们的群体非常密集，铺天盖地袭来时一天可以移动1.6千米，所到之处没有一棵植物可以幸免于难。没有人知道这些昆虫为什么会聚在一起，不过它们确实给人类带来了困扰。

水虎鱼（食人鱼）

水虎鱼宽宽的嘴上长满了锋利的牙齿，能够把肉从骨头上撕扯下来，仅仅一只就颇具威胁了。然而，当水虎鱼聚集在一起，那简直就是一场谋杀。在争抢食物过于兴奋时，它们仅用数秒就能大口大口地把猎物吃干净。但当汇聚在一起成群捕猎时，它们也会分清自己的猎物。

深海怪物

哗啦啦！勇敢的深海潜水员从阳光普照的海面潜入黑暗的海洋深处。他的任务是去寻找一箱失踪已久的宝藏。潜水员缓缓下潜，越来越深，不断地寻找金子发出的一丝光亮，但是他不知道等待他的是怎样的命运……因为在深海中潜伏着一群令人毛骨悚然的可怕的海底怪物。继续下潜吧！

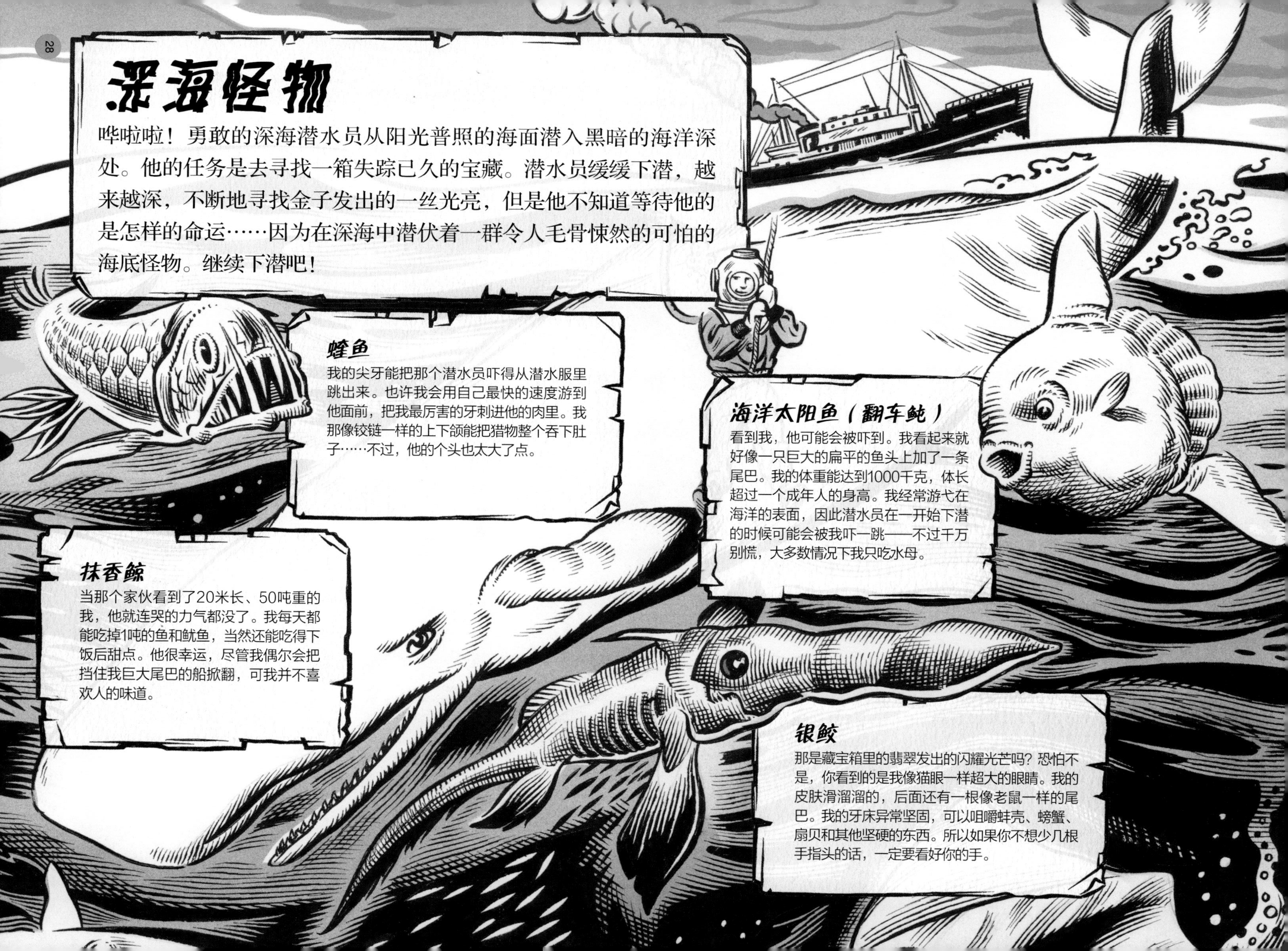

蝰鱼

我的尖牙能把那个潜水员吓得从潜水服里跳出来。也许我会用自己最快的速度游到他面前，把我最厉害的牙刺进他的肉里。我那像铰链一样的上下颌能把猎物整个吞下肚子……不过，他的个头也太大了点。

海洋太阳鱼（翻车鲀）

看到我，他可能会被吓到。我看起来就好像一只巨大的扁平的鱼头上加了一条尾巴。我的体重能达到1000千克，体长超过一个成年人的身高。我经常游弋在海洋的表面，因此潜水员在一开始下潜的时候可能会被我吓一跳——不过千万别慌，大多数情况下我只吃水母。

抹香鲸

当那个家伙看到了20米长、50吨重的我，他就连哭的力气都没了。我每天都能吃掉1吨的鱼和鱿鱼，当然还能吃得下饭后甜点。他很幸运，尽管我偶尔会把挡住我巨大尾巴的船掀翻，可我并不喜欢人的味道。

银鲛

那是藏宝箱里的翡翠发出的闪耀光芒吗？恐怕不是，你看到的是我像猫眼一样超大的眼睛。我的皮肤滑溜溜的，后面还有一根像老鼠一样的尾巴。我的牙床异常坚固，可以咀嚼蚌壳、螃蟹、扇贝和其他坚硬的东西。所以如果你不想少几根手指头的话，一定要看好你的手。

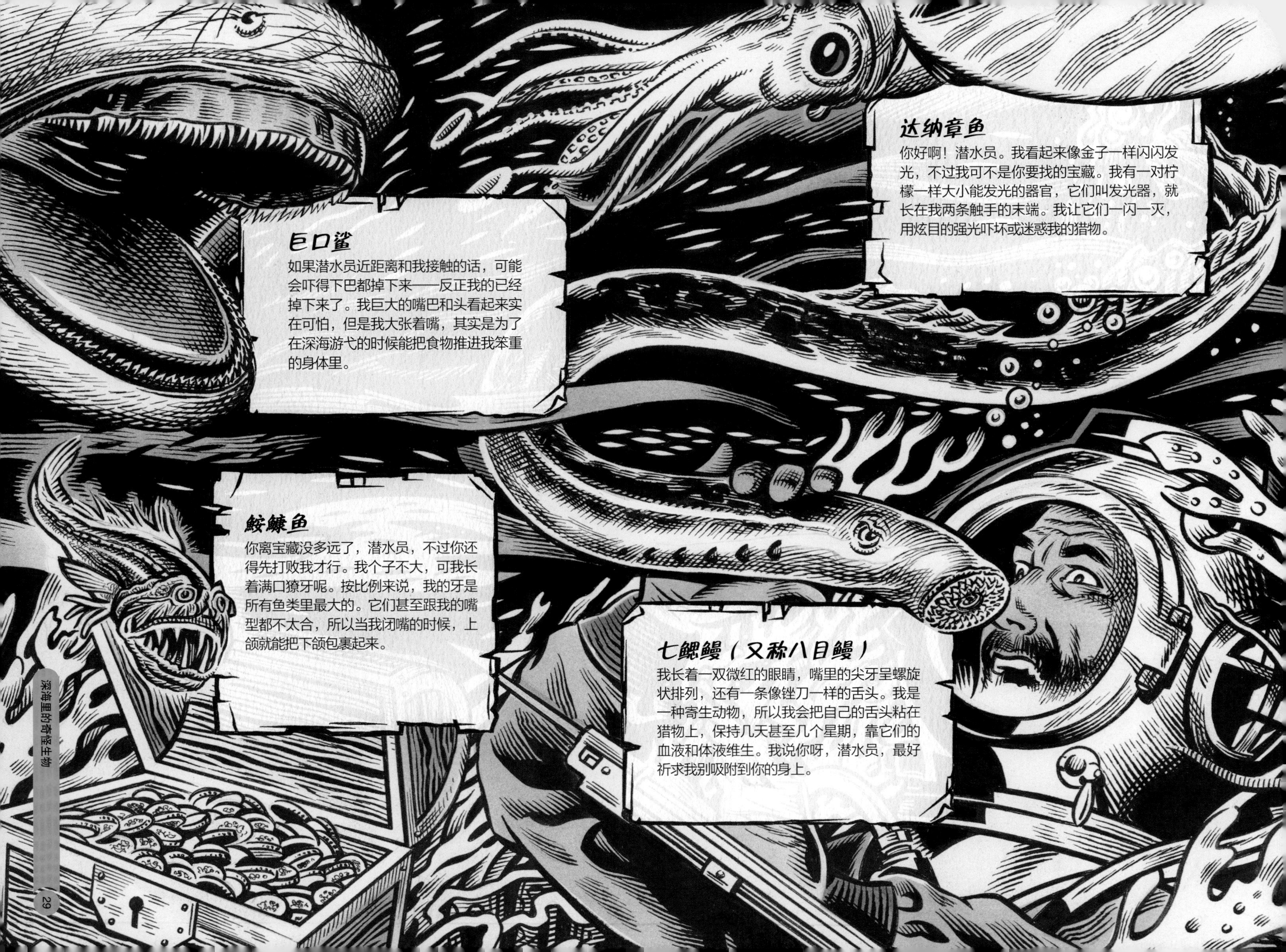
巨口鲨
如果潜水员近距离和我接触的话，可能会吓得下巴都掉下来——反正我的已经掉下来了。我巨大的嘴巴和头看起来实在可怕，但是我大张着嘴，其实是为了在深海游弋的时候能把食物推进我笨重的身体里。
达纳章鱼
你好啊！潜水员。我看起来像金子一样闪闪发光，不过我可不是你要找的宝藏。我有一对柠檬一样大小能发光的器官，它们叫发光器，就长在我两条触手的末端。我让它们一闪一灭，用炫目的强光吓坏或迷惑我的猎物。
鮟鱇鱼
你离宝藏没多远了，潜水员，不过你还得先打败我才行。我个子不大，可我长着满口獠牙呢。按比例来说，我的牙是所有鱼类里最大的。它们甚至跟我的嘴型都不太合，所以当我闭嘴的时候，上颌就能把下颌包裹起来。
七鳃鳗（又称八目鳗）
我长着一双微红的眼睛，嘴里的尖牙呈螺旋状排列，还有一条像锉刀一样的舌头。我是一种寄生动物，所以我会把自己的舌头粘在猎物上，保持几天甚至几个星期，靠它们的血液和体液维生。我说你呀，潜水员，最好祈求我别吸附到你的身上。

想要去水里泡一会儿？

你喜欢待在海边吗？请一定要警惕：海浪中可能会隐藏着不明物哦。你不用走进深海区就会涉足到危险的水域。很多具有潜在危险性的动物就潜伏在海岸线及河岸上，它们看似相对无害，但它们会事先不带任何挑衅地直接攻击人类。那就来看一下其中一些最卑鄙的水兽吧。

河马

在非洲整个撒哈拉沙漠以南，河马以恐怖袭击的恶名而著称。其巨大的体形使它成为一个强劲的敌手。它异常敏捷，能够以巨牙顶翻小船，刺杀这片领地的居民。在陆地上，河马可以将你叼起，然后像锤子一样晃动脑袋将你摔打砸晕。

电鳗

准备好接受电击了吗？这位猎食者在猎杀猎物时，可以瞬间向对方释放出600伏特的电压。在攻击间隙，它的身体器官就像电池一样可以蓄电。鳗鱼的电击能量还不至于能直接杀死一个人，但是它的电击却很可能会导致你心脏病的发作而最后被淹死。

鲈鱼

这种体形小巧、沙色的鱼可不是优秀的游泳健将。相反，它们通常都栖息在海底，只用鳍划动，直到有美味从它的身旁游过。如果你一脚踩上了它，它的刺会刺入你体内并释放毒液。你的脚随即开始发红，并会肿胀得像个脚形的气球。

花海胆

花海胆体形小而多刺，它们穿梭在海底，以海藻为食。它的刺能在刺入猎物时释放毒液，导致棘手状况的发生：毒液会引起剧痛，并可能导致死亡。相当地可怕！

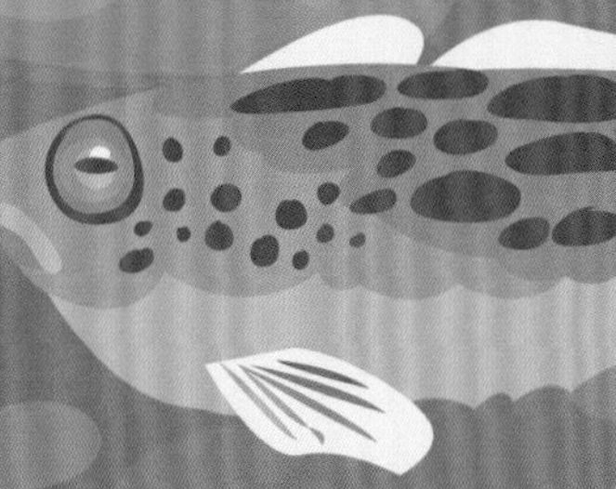

鲶鱼

在这些有鳍的怪物中，有1600多种带有毒性，毒腺分布在它们的脊椎骨旁。当它为保护自己免受攻击时，“杀手”鲶鱼就会将它的脊刺锁定到位，刺伤它的敌人，并向裸露的伤口释放可怕的毒素。真是个坏家伙!

海蛇

海蛇是一种水栖的眼镜蛇，这类滑溜的家伙通常栖息在湿滑的浅滩，以小鱼和鳗鱼为食，并且会时不时地从水中探出头来呼吸一口气。当它遭遇挑衅时，会用毒牙刺进你的腿。在短短几分钟内，你的肌肉会开始变得僵硬，同时视线模糊，呼吸困难。

蓝环章鱼

千万不要惊动这位岩石潭的居民。如果你不小心踩上它，或者用手把它捡了起来，它的触须就会刺进来。它咬得并不疼，但是它的唾液的毒性足以致命——并且目前根本没有抗毒血清。在几分钟内，你就会感到头晕目眩，视线模糊，丧失感官及语言能力，身体逐渐麻痹，随后呼吸停止。

火珊瑚

这些黄色的、布满小孔的珊瑚分布在水下的暗礁处，或附着在墙壁、水泥桩以及其他的固体物上。你只需要做一件事：千万不要去惊扰它。一旦你触碰到它，皮肤会立刻产生灼热感，同时开始起疹子。

有毒的植物

欢迎踏进我们的恐怖小铺。植物在维系地球生命的同时，也有一些花、树、灌木、树篱等能致人死亡。有些触碰到就会发生危险，也有一些一旦吞食或吸入就会导致中毒。接触到后轻则疼痛，重则死亡。为什么有些植物会有毒呢？很简单，它们是为了防止自已被吃掉。现在就带你来到这些“绿色妖精”的故事现场。

茄科 ▲

也被叫作颠茄或魔鬼樱桃。它的叶子和浆果含有“阿托品”——一种致命的化合物。食用一小块就能使人口齿不清、视力模糊，产生剧烈的头痛、呼吸困难以及抽搐。这个浆果可不好吃哦！

毒番石榴树 ▶

这种树和苹果树长得很像，它的果实绰号也叫作“死亡苹果”。吃了这个果实后，口腔和喉咙会起水疱，甚至致命。这种树流出的乳白色的液体会使皮肤起疹子。而且一旦树木燃烧，产生的烟雾也会使人眼睛失明。真是可恶的“苹果树”。

蓖麻子 ▶

这种可怕的果实含有地球上最致命的植物毒素：蓖麻毒素。一把蓖麻子所含的毒能在几分钟内使一个成年人毙命。甚至只要收割蓖麻，就会对人的神经产生损害。千万不要烘烤蓖麻子。

玩偶的眼睛（白果类叶升麻）

这种植物以其惊人的外观而得名。整株植物都有毒，而其果实更是含有特殊的能量。如果你把一颗“眼睛”丢进嘴里，毒素就会使心肌组织松弛，从而导致心脏骤停并死亡——一切尽在这一瞬间。

念珠豌豆▲

晒干的时候，藤上豌豆形状的荚就会裂开，露出鲜红的豌豆般的种子。挤破几颗豆子就能使人流口水、呕吐、高烧、痉挛、抽搐，并可能最后导致死亡。你一定要注意这些豆子。

飞燕草▶

花园中经常会种植这种蓝紫色的植物，但是它们含有生物碱。轻咬叶子和花朵都会使口腔和咽喉产生剧烈灼痛感，使人迷糊、头疼、呕吐，最终窒息。

水毒芹▶

这种植物和欧洲防风草是亲戚，含有剧毒。它的毒素主要集中在根部，在叶子和茎杆中也能找到。这种毒发作如此之快，以致根本不可能有时间进行任何的救治。接触到即会引起反应，但若不慎摄入，便会产生剧烈抽搐，失去意识，肌肉急剧收缩，甚至可能死亡。

◀水仙

水仙花是春天的象征，还是个有毒的杀手？两者皆是。坏蛋不是花朵，而是那个像洋葱一样的鳞茎。鳞茎含有很强的毒素，能导致神经系统麻木，以及心肌瘫痪等一系列致命后果。

第二章　岌岌可危的星球

为突如其来的灾难做好准备吧：火灾、洪水、火山爆发，它们随时都有可能发生。密切注意着狂风，还有反常的、如雨点般密集聚集的青蛙，远离这些环境恶劣的地方。从冰原到沙漠，气候可以杀人，但气候变化不是世界末日……不过也说不准哦。

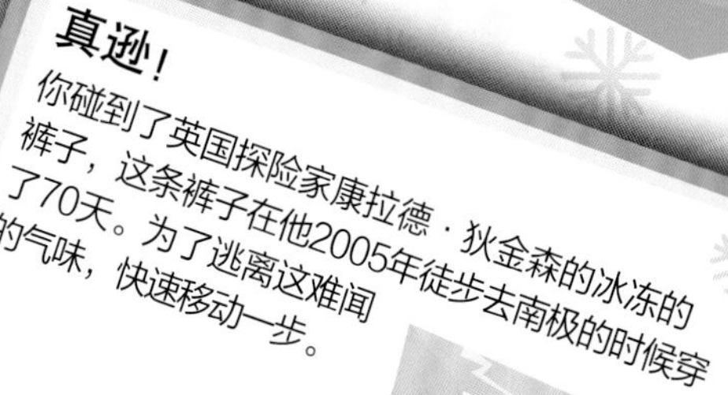

真逊！

你碰到了英国探险家康拉德·狄金森的冰冻的裤子，这条裤子在他2005年徒步去南极的时候穿了70天。为了逃离这难闻的气味，快速移动一步。

北极冬季无尽的黑夜让你发疯。当你盲目地盯着北极光的时候，错过一次机会。

终点

你试图迎着冰凉的下降风（从山上吹下来的强风）行进，风速达到了320千米/时。你被风吹着倒退回两步。

另一队已率先到达终点。唉！在你原路返回之前，当你为之前所遭遇的疼痛和白白所受的苦流下了咸咸的泪水的时候，又错过两次机会。

你看到远处的岛屿如童话中的城堡一般若隐若现。冷静！这只是幻影而已。你在扎营和休息期间错过一步，可是你必须这么做。

咔！你行走的冰面快裂开了。你现在被困在漂流于海上的冰山上。在你划回陆地期间错过了一步。

挖到了这个

你在格陵兰冰冠帐篷中挖出了英国探险家奥古斯丁·谷特奥德。1931年，他在执行一次天气观测任务时，不小心把雪橇落在了外面，他就被困在里面六个月。在此期间你错过了一步。

北极熊出没！你唯一的希望是不要变成北极熊的食物。那你就装死或将身体蜷缩成球状来护住你的脸和脖子。在等待北极熊对你失去兴趣期间，你错过一次机会。

大本营

极地的空气难以想象的刺骨冰冷且干燥，是时候停下喝点水了。在你补充水分期间错过一步。

冰面赛道！

扔掷骰子，来快速穿过地球上最冷、最干、风最大的地方，直到抵达终点。最快的那队获胜。不过最好不要在那握手哦——在-50℃的环境下，如果手套掉了，你的手会在几分钟之内冻僵的。都准备好了吗？预备，开始！

戴上墨镜来抵挡刺眼的白雪眩光，以避免得雪盲症，并且戴了以后也让你看起来很酷。多行进一步！

一次冻伤……

1923年丹麦探险家彼得·弗罗伊肯在加拿大北极地区执行测绘任务时，脚被严重冻伤。你会：（1）同意因纽特医生的好心建议，将它们截掉；（2）用把锤子将它们锤下来。如果你的答案是（2），那你答对了。再掷一次。

嗷！邪恶的北极贼鸥正用它们的爪子攻击你的脑袋。为找到掩护之地避免遭受这只海鸟的欺负，你快跑两步。

你从北极的湖里喝了口水，谁知，这个湖是北极海狸的厕所。小虫子使你得了可怕的“海狸热”。在你身体恢复期间，错过了一步。直到你冲到厕所彻底排泄出这些病毒之前，你的身体都会持续低烧。

一只海豹将你困在冰上并试图拽你入水。在挣脱海豹可怕的血盆大口时，你错过一步。

气温骤降，多穿一层衣服，擦掉冰冻的鼻涕。快走两步以维持血液循环。

你滑入北极黑暗、冰冷的海水中，为了使你在变成人体冰雕前，爬上来再掷一次。

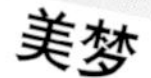

你很幸运，有个因纽特人家庭很喜欢你，用厚厚的皮草衣物把你紧紧裹起来，这双雪地靴也很棒，舒适又保暖。前进三步。

美梦

你被意大利登山家阿布鲁佐公爵在1897年去阿拉斯加探险时丢下的四张铁艺床绊倒。在你幻想着有床温暖的羽绒被的时候，错过一步。

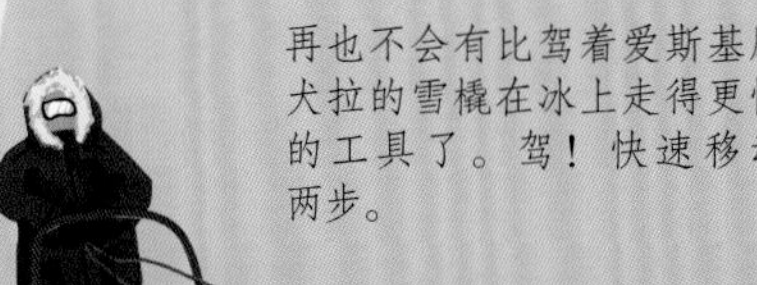

再也不会有比驾着爱斯基摩犬拉的雪橇在冰上走得更快的工具了。驾！快速移动两步。

牛马不如的生活

粮食越来越少。1911年首次到达南极的探险家丹麦领袖罗阿尔德·阿蒙森，因没有食物，最后决定煮了爱斯基摩犬吃，探险队半数的犬被杀。带着饱饱的肚子和沉重的心情，移动两步。

野蛮的海洋

喂，旱鸭子们！当你们沐浴在幸福的阳光下时，想一下那些生活在海上的人们吧。海洋总是充满险情：前一天还是风平浪静，第二天就波涛汹涌了。巨浪能使小艇来回翻转，或使巨型油轮陷入孤立无援。如果你听说了“戴维·琼斯的箱子” 这个故事，那你可要千万注意冰山、雾气，还有火！有一天，你会发现你也被卷入了汹涌的波涛中……

茫然不知所措

风力和洋流是影响公海上船只航行的强大因素。大风浪可将船只像个玩具一样抛来抛去。这对任何一个晕船的水手来说都是一场噩梦。若不采取适当的防护措施，加上经水面反射回来的强烈太阳光线，暴露在外的皮肤会被太阳灼伤，眼睛也会充血、肿胀。

巨浪

在海上，遇上咆哮的狂风和巨浪是无处可躲的。这些风浪可以将一艘小城一样大的船在12秒内卷入海底。1995年，豪华游轮“伊丽莎白女王二号”在遭遇巨浪袭击后得以幸存，据说当时的海浪高达10层楼高。

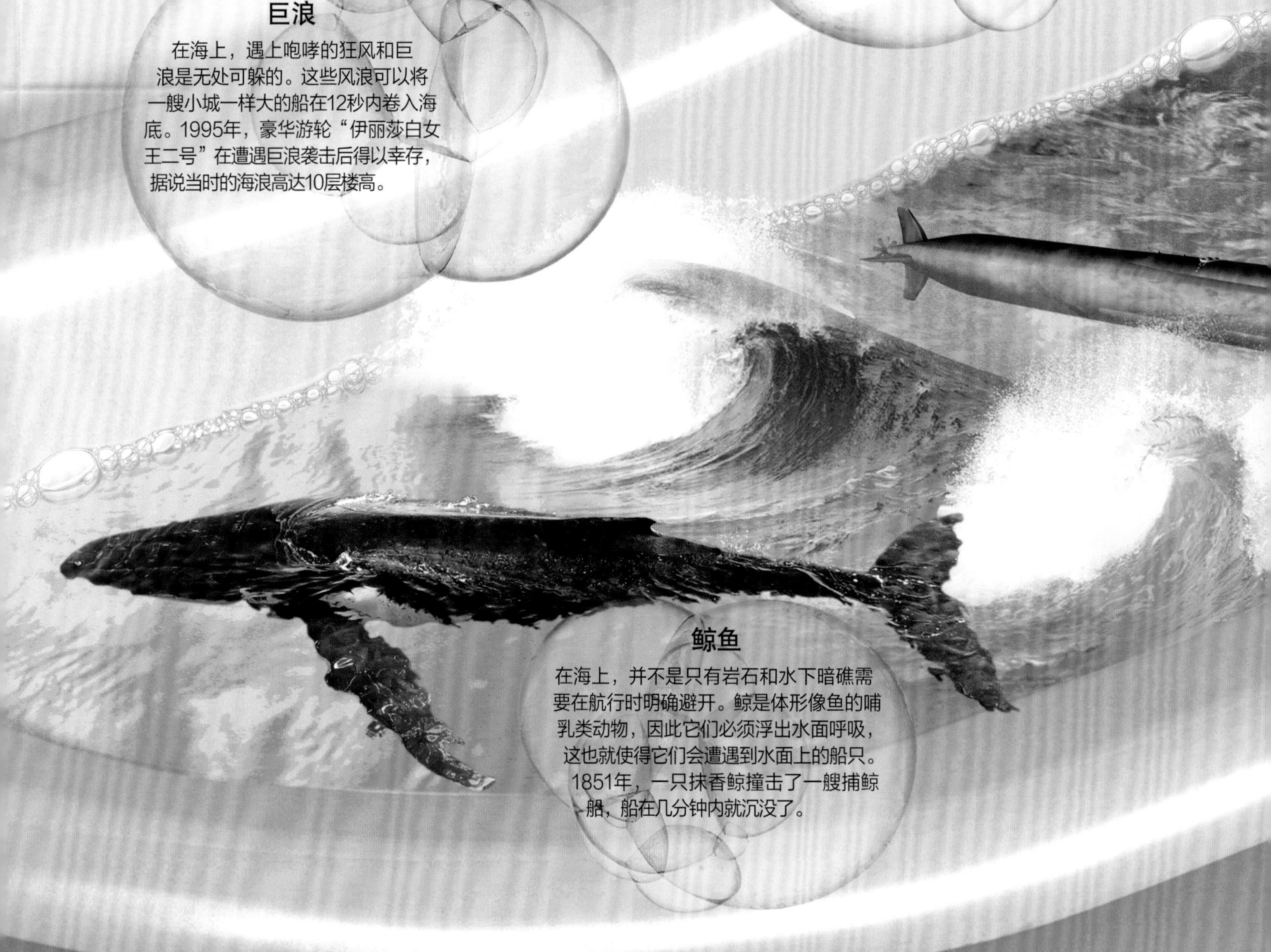

鲸鱼

在海上，并不是只有岩石和水下暗礁需要在航行时明确避开。鲸是体形像鱼的哺乳类动物，因此它们必须浮出水面呼吸，这也就使得它们会遭遇到水面上的船只。1851年，一只抹香鲸撞击了一艘捕鲸船，船在几分钟内就沉没了。

前方冰山！

1912年4月14日，号称“永不沉没”的“泰坦尼克号”撞上了大冰山，在数小时后沉没，1523人丧生。冰山是巨大的漂浮冰体，90%的部分都隐藏在海面以下。即使浮在海面上的冰山很小，但事实上也远比它们看起来要来势汹汹，在雾中很难辨认。

冰冷的海水

除非你是在温暖的加勒比海海域，否则你就极有可能落入冰冷的海水中挨冻。冰冷的海水将很快使人感到骨头冻麻，哪怕是最顽强的水手。即使水温能达到10℃，若没有穿潜水服或者没有和其他人挤在一起取暖，也不可能生存3个小时以上。

暴风雨

1947年，挪威探险家图尔·海耶达尔驾驶一艘名为“康提基”的木筏，只凭借洋流和风力，漂越太平洋。后来木筏被暴风雨淹没，他的船员们依靠雨水和落在甲板上的飞鱼生存了下来。

步入深渊

潜入海中越深，压力越大。因此潜艇都建造得和坦克一样坚固，以免被压扁。2005年，俄罗斯潜艇“普里兹号”在被渔网卷入190米深海后最终获救。随着氧气越来越少，船员很难免于二氧化碳中毒，这样的悲剧就发生在1939年沉没的“西提斯号”潜艇上的900个人身上。

缺水

一个称职的水手会告诉你，海洋就是沙漠。饮用咸的海水只会让你更渴，并且生病。2004年，海啸将一名越南渔民裴德福卷离海岸100千米。在漂流了几日后，他依靠喝自己的尿来维持住了生命，你也可以选择吃鱼眼或喝鳖血。唷嗬嗬！

百慕大三角

船只和飞机在邪恶的百慕大三角神秘失踪的故事有很多。百慕大三角位于大西洋，是由百慕大群岛、美国的迈阿密和波多黎各的圣胡安之间形成的三角区域。无论你是相信船只、船员及乘客无故消失的诡异描述，或者只是把这些当作无聊的传说而不予理睬，都让这片离奇的海域赢得了一个可怕的名声。

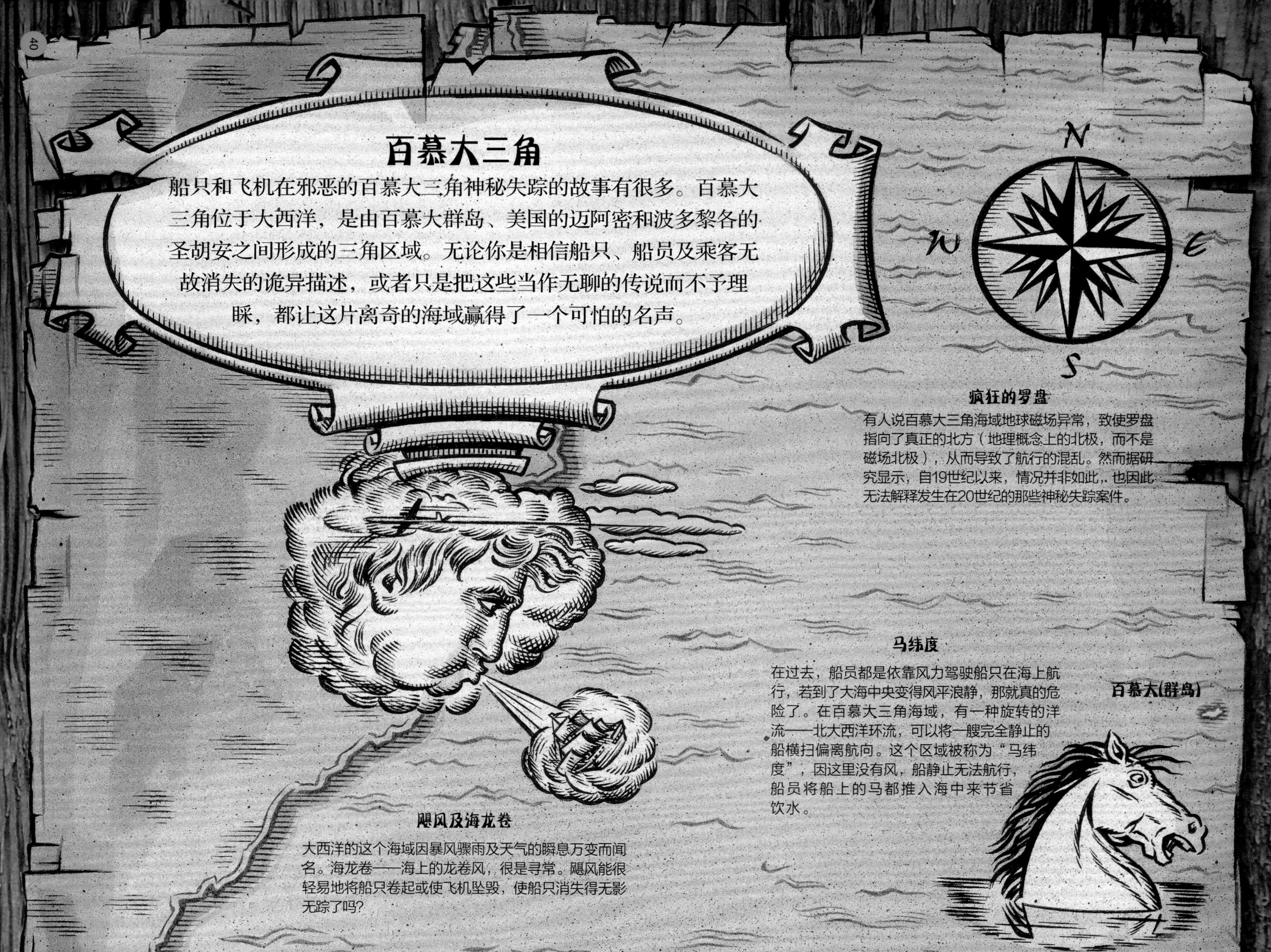

疯狂的罗盘

有人说百慕大三角海域地球磁场异常，致使罗盘指向了真正的北方（地理概念上的北极，而不是磁场北极），从而导致了航行的混乱。然而据研究显示，自19世纪以来，情况并非如此，也因此无法解释发生在20世纪的那些神秘失踪案件。

马纬度

在过去，船员都是依靠风力驾驶船只在海上航行，若到了大海中央变得风平浪静，那就真的危险了。在百慕大三角海域，有一种旋转的洋流——北大西洋环流，可以将一艘完全静止的船横扫偏离航向。这个区域被称为“马纬度”，因这里没有风，船静止无法航行，船员将船上的马都推入海中来节省饮水。

飓风及海龙卷

大西洋的这个海域因暴风骤雨及天气的瞬息万变而闻名。海龙卷——海上的龙卷风，很是寻常。飓风能很轻易地将船只卷起或使飞机坠毁，使船只消失得无影无踪了吗？

潮汐波

多年来，科学家们忽略了能将船只击得粉粹的畸形波。但在1995年，一个在北海石油钻井平台的测波器记录下来了一次巨大的足有20米高的波浪。大西洋上的失踪事件能用类似的波浪来作解释吗？这得需要一个多么庞大的巨浪才能击沉2万吨的船只啊。

水下火山爆发

有些人提出看法，是不是就是海干脆张开大口并吞没了船只。可能难以置信，但事实上确实有可能发生。海底大量甲烷气体喷发，使得石油钻机倒塌这样的情况时常发生，经过的船只就会像石头一样沉没，而甲烷气体爆炸甚至会炸毁上方经过的飞机。

海藻纠缠

百慕大三角中部有个“马尾藻海”，因这里生长着一片如森林般辽阔的马尾藻类海草而得名。老水手的故事中讲述过船只被永远困在海藻中的事件。在1840年，法国船只“洛查理”号被发现遗弃在这里。

绑架

加勒比海海域早已成为海盗们最爱的“狩猎场”。他们很可能会在抢完甲板上所能找到的一切物件后将船击沉，这些船后来可能就被报道成了失踪。但又如何解释那些船上空无一人，而物品却原封未动的船只呢？有人说是被外星人劫持了。喔，带我离开吧，我亲爱的朋友们！

驼峰

如果有人说你像骆驼，请把它当成一种赞美。这个“沙漠之舟”可以在不喝水的情况下行走数天。它厚厚的驼峰就是专门为在沙漠中两周不吃不喝而定制的。超长的睫毛能防止沙子进入眼睛，而扁平的足底以及坚硬的脚掌能使它成为在烈日软沙之上最佳的运输工具。

沙漠沙龙

酷热的沙漠是片荒芜之地，充满了未知的危险和陷阱。骇人的高温让你出汗不止，流失大量水分，使你又渴又累，并头晕迷糊。然而这片宁静的绿洲又是什么呢？是不是海市蜃楼？不，这是奢华的沙漠沙龙。是时候享用这沙漠特有的“服务”来放松并善待一下自己了。

去掉皮肤上薄薄的角质层能使肌肤看起来更健康红润。因此为何不利用沙漠中的沙子来给你的皮肤去角质呢？但千万不要过度——高速流动的沙是可以将汽车喷漆都剥落的哦。

蝗虫小食

想吃零食吗？那就进入我们的“丛林美食”之旅吧。嚼一口脆脆的蝗虫或吞下一只蠕动的木蠹蛾幼虫解解馋。但请注意一下我们的自带饮水的政策，水在这里可是供应短缺啊。

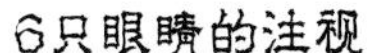

6只眼睛的注视

沙漠的宁静很容易让人放松。但请不要打盹。六眼沙蜘蛛正用它的6只眼睛盯着你呢。这种生物会在等到猎物毫无防备的时候突然跳出来，它的毒液具有致命效果。

古铜色皮肤控制室

冷气室

针灸

潮湿的房间

凹陷的双眼和干皱的皮肤真是太难看了！你应该躲避沙漠里让人爆裂的太阳，我们建议遮挡住裸露的肌肤并戴上大墨镜。而一块头巾对于所有的新人来说，不光能好好地保护好你的脑袋，而且还能挡灰尘！

需要在酷热之中让身体稍微缓解一下？没问题，等待太阳下山吧，感受一下气温骤降至零度以下的凉爽。因为干燥的沙漠会快速散发掉热量。真凉快！然后躺在沙丘上，闭上眼睛，尽情地“享受”夜间沙漠上那些怪异的歌唱和各种声响吧。

触碰全身是刺的仙人掌，体验一次“全身针灸”吧。当针刺入你皮肤的时候，所有的疼痛和紧张都消失了。天赐之福啊！即使你没有预约，那仙人掌突然脱落的茎也会在你经过时扎到你。真是个节省时间的选择。

沙漠一旦下雨，那绝对就是倾盆而下。低洼之地能在短短几分钟内变成奔流的小溪。在烈日下晒了一天之后，此刻感到多么清新。尽情享受一下吧，但是也不要长时间徘徊在这样的水中，因为很多沙漠中的水是咸的，会让你长出讨厌的皮疹。

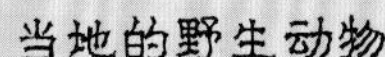

当地的野生动物

观察研究一下我们休息室的“坏孩子们”吧，看它们是如何在如此气候之下放松休息的。观察一下通常凶猛的大毒蜥在正午烈日之下怎样休息，倾听一下响尾蛇尾部发出的摆动声。但在此我们提醒你，还是离它远一点，它的毒可是致命的。尽管蝎子尾部有毒刺，但在紫外线的照射下，它的尾巴却能在黑暗中发光，别有一番氛围。

凉水器

有一个古老的小把戏，那就是在太阳将要升起前翻出半埋进沙的石头。你会发现一滴滴细密的水珠凝结在石头背阴的那一面。清凉的水可正是沙漠炎热的一天中最需要的东西哦！

丛林危险

救命啊！这里是丛林：闷热、潮湿、虫子聚集。而且很容易迷路，因为一切看起来都一样——到处都是绿色！地图不管用，所以你最好带个向导。如果你是单独一人，不要恐慌——这里会给你提供一些实用的技巧，让你能安全走出丛林。

艰险的地形

在丛林中探索前行时一定要注意你的脚步，因为泥潭和流沙会在不经意间将你吞没。用把大刀把厚厚的灌木丛砍掉一些，在这个过程中，千万不要移动你的脚步。到了晚上，兴奋的露营者应谨慎选择营地，避开河岸，因为一旦夜间下大雨，雨水会把你的帐篷冲走。

暗藏的杀手

需要凉快一下？如果你想要去水里泡一会儿，那一定要注意你附近的短吻鳄的行踪，这种肉食动物就潜伏在水岸附近。河马与其很相似：它们看起来很可爱，但是一定要保持距离。河马很有领地意识，会攻击在它的领地里游泳的人。

温室效应

初出茅庐的“小泰山”们必须在丛林中放轻松。湿热让你无所适从，因此行进不要太过着急。当你在丛林中穿梭时，一定要时常饮水，一旦流汗超过饮水量，你就会脱水，导致严重中暑。

可恶的植物

在丛林中，衣服被钩住、皮肤被刮伤的事很常见。长蔓藤有着尖锐的倒钩，能轻易将你挂住。更可怕的是那种名副其实的“造刺树”，它呈心形的大树叶掩映在刺下，只要轻轻一碰，你就会得讨厌的皮疹，一个月才能恢复。哎哟！

昆虫的注视

常见的昆虫其实最麻烦。因此你必须多擦防虫叮咬液。马蝇会在你皮肤上产卵，黑蝇会传播河盲症。至于靴子和口袋，是毒蜘蛛最舒服的巢，所以一定要抖干净你的靴子，拉上口袋的拉链。

可怕的树木

如果想爬树摘果子，你一定要注意在树枝间猎食的毒蛇，包括美洲大毒蛇、非洲树眼镜蛇、非洲树蛇。它们混迹在树皮和枝叶间，所以必须要仔细。如果你累了，千万不要在树下小憩，因为枯死的树木忽然掉落，砸死丛林“菜鸟”的概率比其他任何意外的概率都高。

毒物和猎物

远离箭毒蛙，它们背上的毒足以使你致命。但从有利的一面来讲，你可以把你的箭蘸上这种毒，来射杀其他的丛林猎物。尽管你身后没人，但也要小心。早期有婆罗洲雨林的旅客曾与凶残的达雅克人产生过冲突。达雅克人因砍人头、食人肉而臭名昭著。不要丢了你的脑袋哦！

危险的河流

漂流看似好玩，但淹没在水中的树枝很有可能会将你拖住，急流也会将你冲走。急流更能将人撕裂。如果你跌入河中，那一定要赶快游，河流是食人蟒、吸血水蛭以及电鳗的家园。避免与河流相关的任何受伤的可能，因为流血会很快吸引来食人鱼。

丛林迷失

两个生存故事！

1971年平安夜那天，17岁的茱莉安·科普克正和她的妈妈飞往秘鲁的普卡尔帕。她们想和茱莉安的爸爸汉斯一起过圣诞节。在从秘鲁首都利马起飞后约一小时，飞机飞进了厚厚的云层，并开始颠簸。突然，一道闪电击中飞机，随即飞机急速向地面俯冲。人们开始尖叫，行李和圣诞礼物也在舱内到处乱飞。

飞机在失控盘旋之后，在空中炸裂。茱莉安最后只记得在空中急速旋转，看着地面也旋转着，离她越来越近。

当茱莉安第二天早上醒来时，她只有一个人，而且仍被绑在座椅上。

令人惊奇的是，茱莉安受的伤并不严重：锁骨擦伤，右眼有点肿胀，手臂和腿部有较大的割伤。

茱莉安没食物，没有工具，没有地图，没有罗盘，也没办法生火。她寻找着她的妈妈，可是很快意识到这里只有她一个人，而且在丛林中迷失了。

尽管仍处于惊吓状态，茱莉安已恢复意识去寻找飞机残骸。她找到了要带给爸爸的糖果和圣诞蛋糕。

茱莉安勇敢地出发走进丛林。记着她爸爸的教导：直接下山找到水源，然后沿着河流寻找村落。

第二天，她找到了一条小溪。于是涉水前进。在林中行走又没有刀，茱莉安被迫只能涉足丛林溪流，游过食人鲳和鳄鱼经常出没的深水区。

她常能听到上空飞过的搜救飞机，但是却没有办法给他们发出信号。

圣诞蛋糕维持了三天，现在已经没有食物。她只能喝浑浊的河水，拍打着虫子和吸血的水蛭。

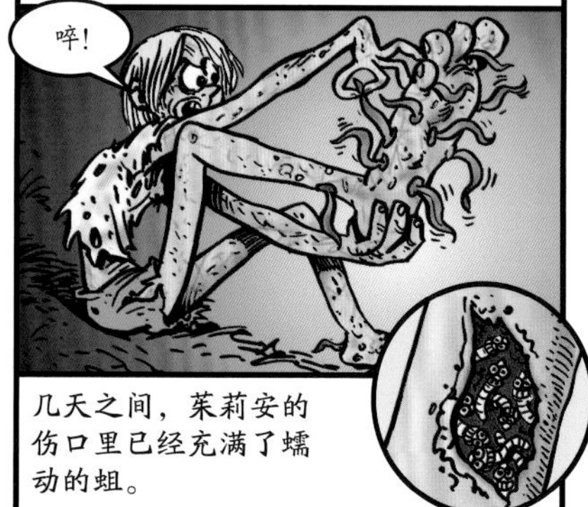

几天之间，茱莉安的伤口里已经充满了蠕动的蛆。

最后，她到达了帕奇特阿河。在这里，她把木头用藤条捆绑成一张简陋的筏，然后顺流而下。

第十天，她找到了一个木屋。几天以来的极度疲惫和饥饿，使她蜷缩成了一团等待帮助。谢天谢地！第二天，木屋来了一组伐木工。

伐木工们将汽油倒在她的伤口之上驱走伤口里的蛆。

光是从她的胳膊里就爬出35只蛆。

然后这些伐木工划了七个小时的独木舟将茱莉安送到了最近的镇上。镇上的直升机将她送到了医院治疗，并且回到了她爸爸那儿。

结尾

茱莉安是508号航班上的唯一幸存者。她回到了德国，在那里，她和她的父母一样，成为了一个动物学家，从事蝙蝠的研究。

这里绝不是业余人士来的地方

一次穿越亚马孙的恐怖经历

1981年，约西·金斯贝格和其他两个年轻的旅行者凯文·盖特和马库斯·施塔姆决定要徒步进入亚马孙雨林腹地。他们的向导卡尔，看起来似乎对雨林比较熟悉，他们一路上猎杀着树懒和猴子为食。

在茂密的灌木丛中徘徊五天后，食物很快将被吃完，他们开始担忧，而且已迷失了方向。每个人脚上都磨起了水泡。火蚁和蜜蜂的叮咬更使得他们梦想的冒险变成了一场噩梦。

马库斯的脚已经痛得无法走路了。卡尔造了张竹筏，但很快就清楚地意识到特赤河上汹涌的河流对这一队缺乏经验的人员来说实在太危险了。卡尔和马库斯决定掉头返回。但约西和凯文想继续。

第二天，竹筏“砰”的一声撞上了一块岩石，把约西和凯文撞到了水里。凯文成功地游到了安全地带，但约西却被竹筏拖住漂向了瀑布。

这真是个奇迹——约西活下来了。在走了几个小时后，他找到了一个山洞，睡了进去。当他把鞋脱下来的时候，发现他的脚全化了脓血。可恶的真菌感染！但约西还是决定要走下去。

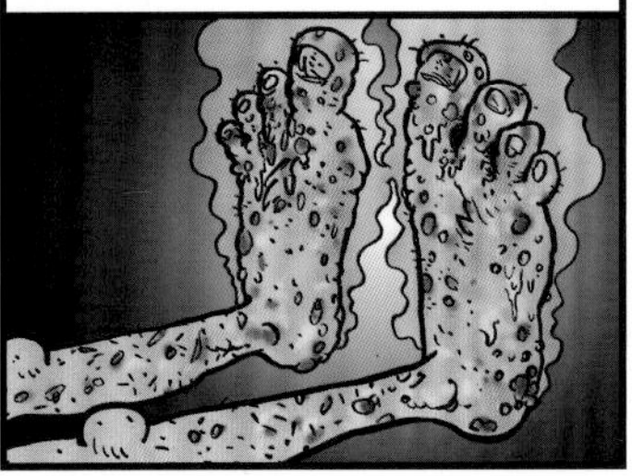

一天夜里，约西和一只豹正面遭遇了。他忽然想起了一个电影场景，于是点燃了杀虫剂，使它成了一个喷火器，成功地吓退了这个危险的对手。

虽然约西在河岸边发现了一个营地，可是却是废弃的。他的脑子也犯起了迷糊，他的衣服在荆棘丛中被刮烂了，为了遮盖好，他跌倒了，弄断了一根树枝，断枝戳得他特别疼。

情况更糟了。一场暴风雨淹没了森林，迫使约西只能靠游泳来保命。他逃脱了，只是在第二天又一不小心踏进了一片沼泽地。他越挣扎陷得越深。在他超乎常人的努力下，他让自己安全脱身了。

痛苦仍在继续。约西无意间将营地搭建在了白蚁穴的旁边。到黎明的时候，他整个人都被白蚁咬遍了，背包都被白蚁啃去了半个。这时，他的脚已经极度疼痛，走投无路的他只能抓着刺人的荨麻使注意力能从那阵阵疼痛中转移一下。

正当约西几乎放弃希望的时候，一天晚上他听到了引擎声——是凯文在一架飞机里！凯文非常幸运，被几个善良的当地人找到并救出。由于担心他的朋友，凯文租了一架飞机，一直在寻找着失踪的约西。

卡尔和马库斯双双失去踪迹。约西感到他和凯文是多么的幸运……

洞穴

黑暗、潮湿和危险的洞穴世界是探险家的最佳去处。探险者山姆在毫无准备的情况下愚蠢地进入了一个很深的洞穴，他没带任何装备，而且只身一人。请把他安安全全地带出迷宫一样的洞穴吧。把眼睛睁大点——因为在洞穴里随处都可以捡到曾经来这里探险的人留下的装备。

不要吵醒沉睡的大熊

不要太快！许多大型肉食动物把洞穴当作它们的栖身场所，比如熊和美洲狮。注意：把那顶安全帽从睡着的大熊脚掌底下拿出来——它能防止山姆的头被坠落下来的石头砸到。

岩壁冒险

在岩石上滑倒、跳跃时脚下打滑或是被钟乳石砸到脑袋，只是在岩壁上冒险时需要注意的多种危险之一。注意：你抓住那条绳索了吗？你需要用那条绳索让山姆沿着它滑到洞穴底部。新西兰的哈伍德洞穴足足有180多米深！

被水冲走

听到水滴坠落的叮咚声了吗？如果洞穴外正在下雨，那么洞穴内的水流就会非常湍急。2007年，曾经有8个人在泰国南部的一个洞穴中探险时遭遇不幸溺水身亡。当你闯过冰冷的地下河水时，一定要注意危险的水流。注意：那件防水的夹克会帮助山姆保暖和保持身体干燥。

洞中迷路

越来越多的人登上月球，但来到地球上最深的洞穴探秘的人倒是寥寥可数。要是山姆在这些地下迷宫中迷了路，那他就可以彻底和外面的世界说拜拜了。如果他在一个潮湿的洞穴里被困上几个小时，他就很有可能体温过低。注意：把那张洞穴地图捡起来！

蝙蝠洞

一些洞穴是数以百万计蝙蝠的家。蝙蝠的粪便释放出来的氨气可能会熏死山姆，如果他吸入长在岩壁上的真菌，也有可能得上致命的“洞穴病”。注意：戴上那个防毒面具！

看见日光！

就快到了，但是山姆还要继续完成最后一段攀爬。催得太急可能会造成致命的严重后果：我们不希望山姆耗尽体力，要不然在那一段长长的下降过程中他的肌肉会渐渐变得无力，还可能会失手从绳索上掉下来。注意：牢牢地抓住，慢慢地下降！

小心毒虫！

山姆不会在洞穴里遇见什么怪兽，但是在马来西亚与印度尼西亚共有的婆罗洲——这里是巨型有毒蜈蚣和长着触须的令人毛骨悚然的蟋蟀的家，你在攀爬岩壁或把手放在覆满沙土的地面时会发现它们。噢！注意：拾起那个手电筒，以防山姆头顶上的电灯灭了！

最后的遭遇

在山姆降到洞底之前，要穿上这双结实的登山靴。就算马上就要走出洞穴，也要小心不要让山姆卡住了。注意：山姆没有戴手套无法保护他的双手，也没有护膝能保护让他在凹凸不平的洞壁爬行时免遭受伤，所以把那个急救箱捡起来吧，以防发生碰撞擦伤。

毒气池

小心“污浊的空气”！在一些洞穴里，空气中带有有毒的气体，例如甲烷、氨气和氢化硫。无色的二氧化碳还会让他反应迟钝、眩晕甚至死亡。注意：戴上那个氧气面罩，以备不时之需。

逃离死亡

2006年5月，登山运动员林肯·豪尔在前一天已经登上珠穆朗玛峰顶，但是他出现了严重的高原反应，搜救队认为他已经遇难，所以把他留在了8700米高的山上。令人难以置信的是，在没有登山帽、手套、睡袋、食物、水和极度缺氧的情况下，他在山顶附近熬过了一晚。30个小时后，林肯被另一个登山小组发现。他幸免于难，只是受到了严重的冻伤。

致命的瓶颈

1996年5月，一群登山者要登上珠穆朗玛峰，这一天有25个人都在尝试登顶，没人注意到阴云正在迅速聚集，仅仅在短短的两个小时后，登山者们就开始和狂风暴雪展开殊死搏斗，最终有5名登山者不幸遇难。

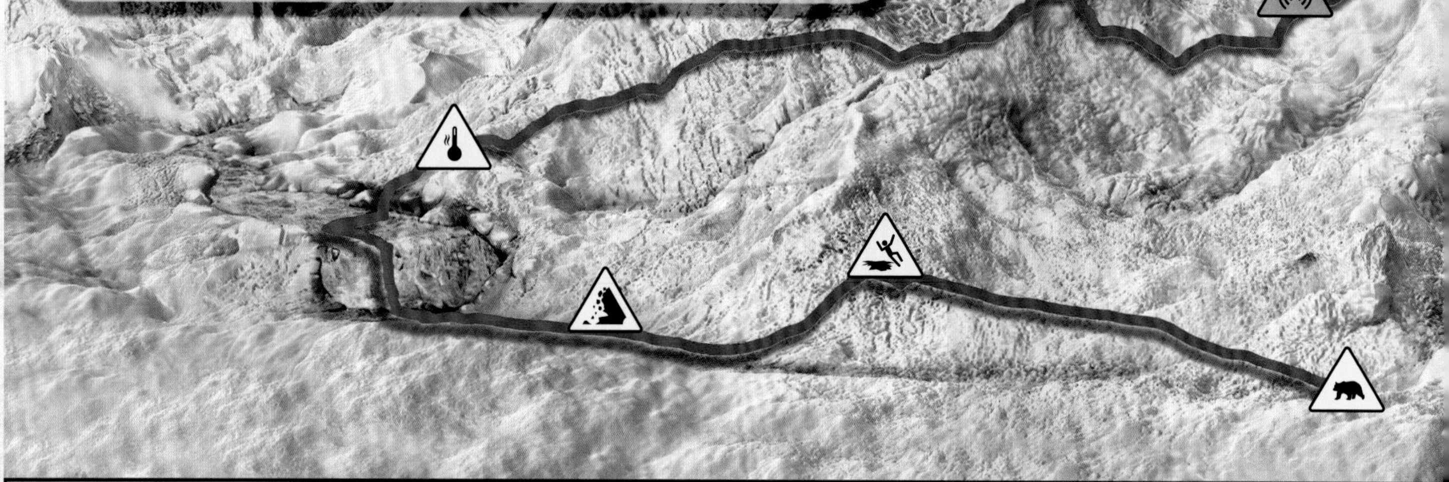

登山路线

野兽出没：如果你想吃点小吃，记住，食物的香味很快就吸引路过的熊或美洲狮。每5起美洲狮袭击事件中就有1个人不幸死亡，因为美洲狮的一掌甚至能把人的头颅拍掉。

谨防疾病：感觉有些痒？被蜱虫咬一下可能会导致身体发冷、严重头痛、身体乏力、深度的肌肉疼痛、恶心以及非常严重的发疹——这些全都是落基山斑疹热的典型症状。

高原反应：山顶上的风光也许非常美好，但是千万别在山顶上休息，因为这里氧气稀薄甚至会威胁到生命，高原反应会导致偏头痛、昏迷甚至死亡。

小心裂缝：千万小心。许多登山者在穿越冰山时跌入冰山间的大裂口。雪会覆盖住裂口，并形成一座危险的雪桥。

雪崩灾难：嘘！大部分的雪崩都是由受害人自己引起的，所以千万别大声呼唤你的登山伙伴，不然你可能会引起一场从山上席卷而来的巨大雪块，它的时速将高达每小时350千米。

雪盲威胁：一定别忘了戴上防风墨镜或遮光镜，它们能救你的命，因为长时间盯着雪白的地面可能会毁掉你的双眼。

当心落石：不要花太多时间欣赏美景。山上的石头随时都会滚落下来砸到你的头上。速降的斜坡上的悬冰也会掉下来，被砸中的话真的很疼。

冻伤疼痛：一定要把自己裹严实，不然就有冻伤的危险。暴露在空气中的手指和耳朵会发紫并肿起来，如果冻伤严重，它们甚至会脱落！要是没有手指和脚趾，爬山可真成了一件难事儿……

暴风雪来袭：一场暴风雪可能从天而降。呼啸的风裹挟着冰雪吹袭你的身体，刮疼你的脸颊并把你身边的热气带走。更糟糕的是，在暴风雪中你可能完全看不见你的同伴。

光秃秃的顶峰

祝贺你！你已经成功登顶了。现在要做的就是安安全全地返回！时间紧迫，因为你必须在夜幕降临之前和你的氧气耗完之前离开光秃秃的顶峰。千万别磨蹭，这里的天气可能在几分钟之内发生急剧的变化，而且速度接近每小时300千米的风会把你从山顶上吹下来！

死亡区

一旦你爬过海拔7000米的高度，你就进入了死亡区。在这里你将处于困境，因为你没准会出现组织缺氧——也就是脑供氧不足。慢慢地，你就会感到迷迷糊糊的，并且渐渐失去平衡感。很快你最想做的事就是躺倒在地上什么也不干，这可不是什么好征兆，因为它意味着你就快要晕过去了。

生死一搏

1985年，乔伊·辛普森在登山时摔伤了膝盖，与他的同伴西蒙·耶茨在秘鲁的安第斯山脉中遭遇暴风雪被困住了。当耶茨将辛普森从高处放下来的时候，另一场暴风雪来袭，耶茨不得不割断了绳索。尽管辛普森从30米高的地方跌落下来，他还是拖着一条断腿爬回了营地。

大本营

即使在这么低的位置，你也需要随时保持警觉，因为疲劳总是危险的信号。只要脚下一滑，你就有可能一命呜呼了。在山峰比较低的斜坡上，你必须穿过布满大裂缝的冰层，或是冒险爬上很容易发生雪崩的山坡，那一层新雪随时可能因为你的到来而崩塌……

疯狂的登山运动

第二天。希望快点呼吸到新鲜空气，登上世界的顶峰，但是我感到有点紧张，尤其是在听到那些关于可怕的“死亡区”的故事以后……

关于冰雪的笑话

当暴风雪呼啸而来的时候，最好的方法是在冰雪中挖一个洞待在里面。1982年，马克·英格里斯和菲尔·杜乐在新西兰最高的山峰就这样等待了13天，风雪才过去。

大山的外科手术

即使是最低的山峰也不是懦弱的人能征服的。时间回到1993年，比尔·杰拉奇在落基山上钓鱼，一块巨大的岩石砸到了他的腿，并把他卡在了岩石下。待在这里完全有可能被冻死，因此比尔只好用小折刀把自己的腿锯断。

轰隆！

一座爆发的火山向外抛出了巨大的灰尘云团，令人窒息的厚厚一层火山灰覆盖了广大的区域。1982年，两架大型喷气式客机冲进了印度尼西亚加隆贡火山的火山灰云中，险些酿成机毁人亡的惨剧。2010年，冰岛的埃亚菲亚德拉冰盖火山爆发，欧洲大部分区域都变成了禁飞区。

火山！

在地球上，每天都有约20座火山爆发。火山石占地球表面积的五分之四，在它冷却变硬前就是喷发出来的岩浆。火山多见于两个板块交界的地带，由地球的“热点活动”而喷发。这些狂怒的怪物坏极了，非常难以预测，所以当一切沸腾起来的时候，就请你期待这些意料之外事情的发生吧……

呼！

一股岩浆流就是燃烧的超热气体和以每小时700千米的速度从喷发的岩浆里滴落的小滴的混合物。它能瞬间改变方向，造成的后果是致命的——1991年从日本云仙火山喷发出来的岩浆夺去了正在当地考察的42人的生命。

嘭！

从火山侧面喷发，而不是火山口发生的喷发被称为“侧向喷发”，它能喷射出火热的岩浆，以及许多重达100吨的岩石。1980年，当美国华盛顿附近的圣海伦火山喷发时，岩浆以每小时1000千米的速度向前推进，毁坏了方圆30平方千米的森林。

长高的魔法！

火山可能会在一夕之间从无到有。1943年2月20日，火山灰烬形成的锥状火山帕里库廷火山在墨西哥的一片玉米地里出现。一星期之内，它就长到了5层楼高，在那一年的年末它已经长到了336米高。

砰！

火山喷发时，地球内部深处灼热的熔化的岩石，从主火山口一处开口的地面处喷涌而出。岩石、灰尘、泥浆和有毒的气体也同时喷发了出来。火山喷发会造成广泛的破坏，在过去的30年里已经导致25万人的死亡。

低头！闪烁的岩浆结成的块在嗖嗖穿空而过的时候会冷却变硬。1993年，6位科学家就死于一场发生在哥伦比亚加勒拉斯火山的“岩浆爆炸事故”。还有一种应该避免的爆炸情况是“牛粪炸弹”——它是由流动的岩浆形成的，它们在喷出的时候还是液体状的，但是它在砸向地面的时候力量大得足以把你砸扁。

哐！

嘶嘶……

沸腾的流动岩石形成了岩浆。它沿着火山向下流动，烧毁树木、房屋和任何阻挡它前进的事物。幸运的是，大多数岩浆流动的速度都很慢，有足够的时间让你逃跑。尽管从夏威夷火山流出来的玄武岩形成的岩浆足足有每小时10千米的行进速度，而且它是到目前为止最热的岩浆，居然可达1150摄氏度。

火山喷发测量计

火山喷发的剧烈程度可以用火山喷发指数（VEI）来测量，它是用来测量火山喷发时释放出的物质总量的。这个指数从0（喷发物质最少）到8（喷发物质最多）分为9级。到目前为止最大的火山喷发发生在73000年前，地点就在现在印度尼西亚的坦博拉火山，当时喷发出了大量物质遮天蔽日，并把地球送入了冰期。

8 超大规模
喷发出大于1000立方千米物质
10000年发生一次

7 超级巨大
喷发出大于100立方千米物质
1000年发生一次

6 巨大
喷发出大于10立方千米物质
100年发生一次

5 突发
喷发出大于1立方千米物质
100年发生一次

4 大型
喷发出大于0.1立方千米物质
10年发生一次

3 严重
喷发出大于10000000立方米物质
每年发生

2 喷发
喷发出大于1000000立方米物质
每周发生

1 轻微
喷发出大于10000立方米物质
每天发生

0 不喷发
喷发出小于10000立方米物质
每天发生

次生灾害

地球疯狂的震颤会导致很多种致命的灾害。海床底下的地震会引起巨大的海浪，就像发生在2004年12月横扫印度洋的恐怖海啸。它们还会引发巨大的泥石流，把数以百万吨的山石和冰雪冲到山下。如果地震在人们做饭的时间爆发，它还会引发巨大的火灾，导致比地震更多的伤亡，例如发生在1923年的东京大地震。

准备爆发

没有人能预测地震的发生，但是如果你够幸运的话，你也许会从一些小的震颤中得到警告，预感一场大地震也许就要发生。从间歇性喷泉的泉眼里射出的热泉通常都会像时钟一样规律地喷出，但当地震发生前，泉水会从地底深处疯狂地喷发出来。其他一些地震的预兆，比如地震光，天边泛起红色的或蓝色的闪电，有人认为这是由于埋藏在地下的石英岩互相摩擦产生压电效应，这样的过程产生的电流直接放射进了空气中。

地

究竟是谁惹的祸?

地表是由7块巨大的板块和许多小一些的板块组成的，它们漂浮在地球表层，底下是滚烫的岩浆。当它们移动的时候，板块之间互相挤压形成断层。假以时日，压力就会越来越大，直到板块突然断裂，就造成了地震。这种类型的地震主要发生在美国加利福尼亚、日本和墨西哥，还有一些小型地震经常侵扰阿拉斯加地区。

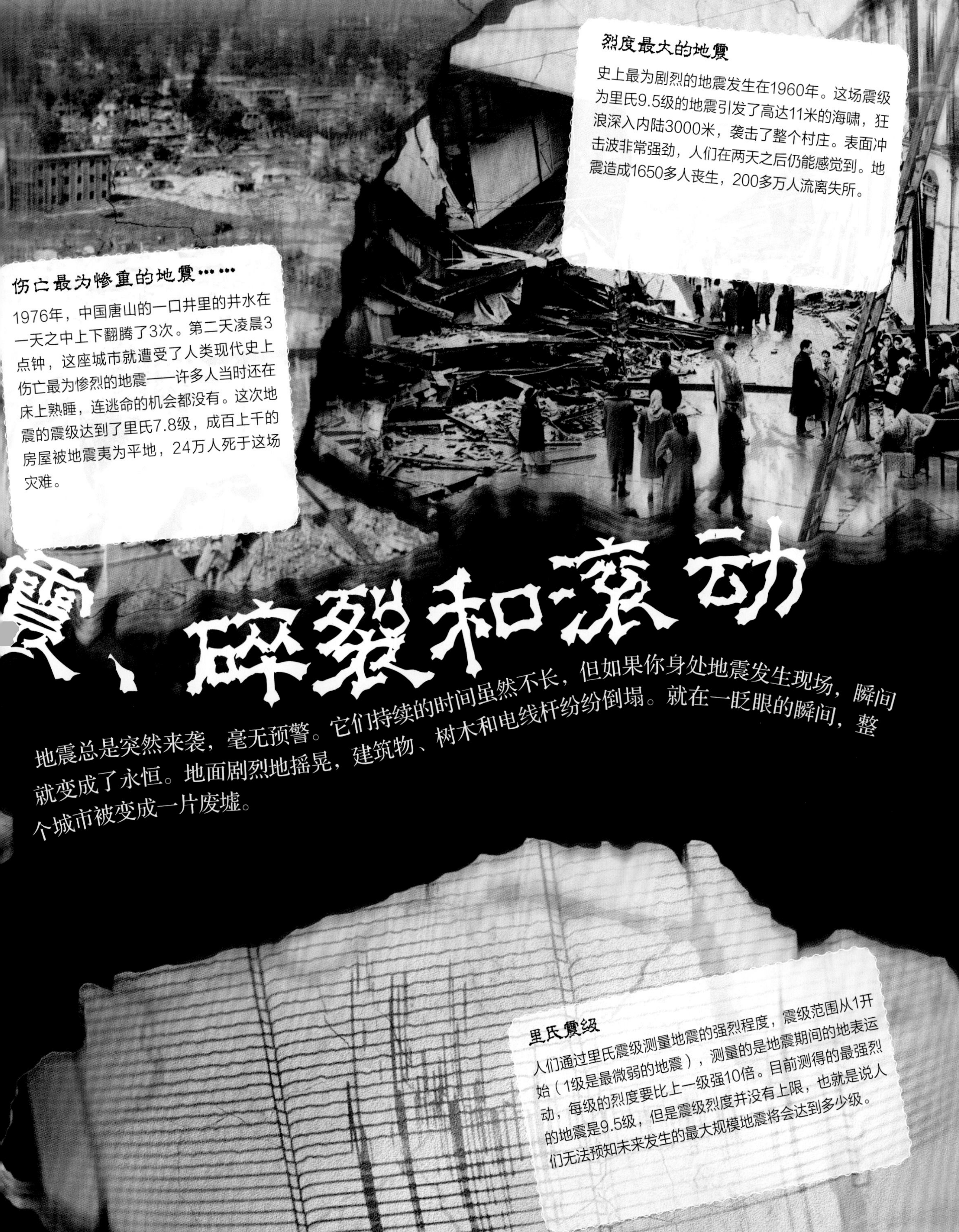

烈度最大的地震

史上最为剧烈的地震发生在1960年。这场震级为里氏9.5级的地震引发了高达11米的海啸，狂浪深入内陆3000米，袭击了整个村庄。表面冲击波非常强劲，人们在两天之后仍能感觉到。地震造成1650多人丧生，200多万人流离失所。

伤亡最为惨重的地震……

1976年，中国唐山的一口井里的井水在一天之中上下翻腾了3次。第二天凌晨3点钟，这座城市就遭受了人类现代史上伤亡最为惨烈的地震——许多人当时还在床上熟睡，连逃命的机会都没有。这次地震的震级达到了里氏7.8级，成百上千的房屋被地震夷为平地，24万人死于这场灾难。

震、碎裂和滚动

地震总是突然来袭，毫无预警。它们持续的时间虽然不长，但如果你身处地震发生现场，瞬间就变成了永恒。地面剧烈地摇晃，建筑物、树木和电线杆纷纷倒塌。就在一眨眼的瞬间，整个城市被变成一片废墟。

里氏震级

人们通过里氏震级测量地震的强烈程度，震级范围从1开始（1级是最微弱的地震），测量的是地震期间的地表运动，每级的烈度要比上一级强10倍。目前测得的最强烈的地震是9.5级，但是震级烈度并没有上限，也就是说人们无法预知未来发生的最大规模地震将会达到多少级。

野火

这些丛林大火经常在毫无征兆的情况下爆发，并以迅雷不及掩耳之势蔓延。起火点附近的温度很高并且持续上升，风会煽动火苗，并给它们添加更多的氧气助燃。被人们称为“雄火鸡”的大火会将一切阻挡它前进的障碍物烧尽，而风向的突然改变会将火的燃烧方向也改变。森林火灾不可预测的特性意味着人们可能会意外地发现自己被大火团团围住，逃生的路被阻断了。

历史上的大火

面包店烤炉里未燃尽的余火点燃了1666年的伦敦大火。这场可怕的火灾焚毁了13200间房屋、87座教堂，包括圣保罗大教堂，还使得10万多人无家可归。值得庆幸的是，火灾造成的伤亡非常小。但伦敦的老鼠就没有那么幸运了，大量带有瘟疫病菌的老鼠在这场火灾中都被消灭了，所以这场1665年爆发的传染病没能对伦敦造成多大影响。

小心毒气

燃烧产生的浓烟和有毒气体造成的死亡要比烧伤的致死率高得多。家具燃烧时产生的易燃气体很有可能突然发生爆炸，力量大得可以把人炸飞。在缺氧的环境下，易燃物体在打开门或窗时与突然涌进的氧气结合引起爆炸，这就是所谓的“爆燃”。烟团中的颗粒也是可燃的，这种现象也会引起可怕而又危险的火球，也就是所谓的“跳火”。

电器引发的火灾

仅仅在美国，每年因错误的家庭布线或危险的家用电器就会引起65000场火灾，导致至少480人死亡。任何电器，只要通着电都有可能因过热而引发火灾。2007年，一名倒霉的美国人丹尼·威廉姆斯在听音乐的时候，MP3忽然着火并烧着了他的口袋，结果导致裤子起火。

抗击地狱之火

消防员必须与刺目的火焰、令人窒息的浓烟和滚滚而来的热浪搏斗。即使身穿着防护服，要进入一栋着火的建筑物也需要非常大的勇气。墙壁有可能突然坍塌，而天然气也随时有可能发生爆炸。起火的建筑物里通常都是烟雾弥漫的，消防员甚至看不见自己的双脚。

燃烧起来

火燃烧起来需要燃料、加热和氧气的共同作用，其中任何一项被撤去都会使火熄灭。把水或粉末泼到火上会降低温度，用毯子盖住会阻断氧气的供应，而当燃料用尽的时候，火自然就会熄灭。

火焰

火焰的温度是很高的。即使是一根蜡烛的火苗也能达到1200摄氏度的高温。温度最高的火焰是蓝色的，它通常位于火的底端，离燃料很近，也能接触到最多的氧气。火焰的尖端向周围散发热量，因此温度要相对低一些，呈现出橙色或黄色。

全都是火惹的祸？

在玩火时，你最多只会担心自己会不小心把手指烧伤，而一场大火可以在一个小时之内就毁掉你的房屋，假如在野外，同样时间内大火可以把整片森林烧成灰烬和木炭。火同时还是一种致命的武器，纵观历史，火被人们用于攻打城堡、船只和城池。比起其他自然界的力量，狂暴的火灾每年都会夺走更多人的生命。

人体的自燃

历史记载中有一些人的身体突然起火的事件，火燃尽的时候除了一双冒着烟的拖鞋什么也没剩。一些人认为这是超自然事件，另外一些则认为这一定可以通过科学来解释。其中的一个理论叫作“灯芯效应”，大体是说穿着衣服的人体就像一根蜡烛，一旦衣服燃烧起来，融化的人体脂肪就会提供燃料不停燃烧，直到所有脂肪燃尽只剩下一堆灰烬。

大风游乐场

转起来！转起来！镇上就要开游乐场啦。风暴马上就要来了，赶紧关好门窗，钉好封条。走出去感受超级大风的威力：飓风、龙卷风，还有其他致命的风暴。这些风暴背后的故事一定会使你深深震撼。

飓风

这种剧烈的旋转风暴是在温热的海面上形成的。高处的雨云带形成后并围绕一个低压系统旋转，狂风开始围绕着这个平静的中心区域——也就是所谓的风眼旋转。飓风的宽度最大可达到650千米，而它的风速高达每小时320千米，具有极大的破坏性，并可持续数天。

龙卷风

当温热且湿润的暖空气遇上冷锋，就会形成这股扭曲的风暴。高压气团和低压气团间的相互碰撞引起了两股风紧紧缠绕旋转。龙卷风看起来就像一个旋转的漏斗云。当旋风接触地面的时候，它的劲风可以把车辆、牛、树和人抛到天空中去，还会把建筑物夷为平地。

海上龙卷风

海上龙卷风是在水中形成的破坏力较小的一种龙卷风，它是由小水滴形成的旋转的柱状风暴，会从云层中一直伸向海面。海上龙卷风刮过海面后会留下泡沫和起伏的海浪，它对游泳的人、船只和飞过的小型飞机都存在威胁。

藤田级数

龙卷风的旋转速度可以达到每小时512千米，几乎达到了音速的一半。藤田级数就是通过研究龙卷风带来的后果来衡量它们的破坏力的。它的起评级数是F0（也就是对建筑物和种植业没有影响或影响极微小的），最大的级数是F5（所有物体都被夷为平地）。

飑

突然形成的剧烈的风暴被人们称作“飑”，它沿着一条长线横扫陆地，带来暴雨、闪电和龙卷风。在水上，白色的飑卷动空气带来含有泡沫的水雾，这对行驶中的船只带来致命的威胁。冬天，雪飑会带来大量的降雪和呼啸的飓风。

沙尘暴

这些沙尘漏斗（人们也称它们尘旋）是在沙漠或者干燥的地区形成的，当热空气穿过冷空气突然来袭时，就会推起旋转的沙尘。沙尘暴非常壮观，最大的规模可以达到1000米高，10米宽。

飓风的名字

飓风也就是我们所说的台风和热带风暴，每一个新生成的飓风都会得到一个名字以示区分。这些提前起好的名字是按照26个英文字母的顺序罗列的，并在男性和女性的姓名之间轮换。如果飓风的破坏力非常巨大，例如卡特里娜，那么这个名字就会从名单里退休并不再被启用。

风暴德里丘

德里丘的名字是由西班牙语“直接”一词而来的，这个奇怪的飓风在一条直线上前进，风速达到了每小时150千米，还携带着大量的雷雨。德里丘可以掀起巨浪，将小轿车掀翻在地，甚至摧垮建筑物。

夺命大洪水

当一个地方积水过多或水位迅速上涨的时候，它就会冲破堤防引起洪水。坏天气再添上一笔就足以改变地表的样貌。滂沱大雨和融化的冰雪能够引发海洋、湖泊甚至下水管道泛滥。洪水又会引起巨大的灾难，在陆地上造成大破坏，冲毁庄稼、公路和铁轨，摧毁建筑和房屋。

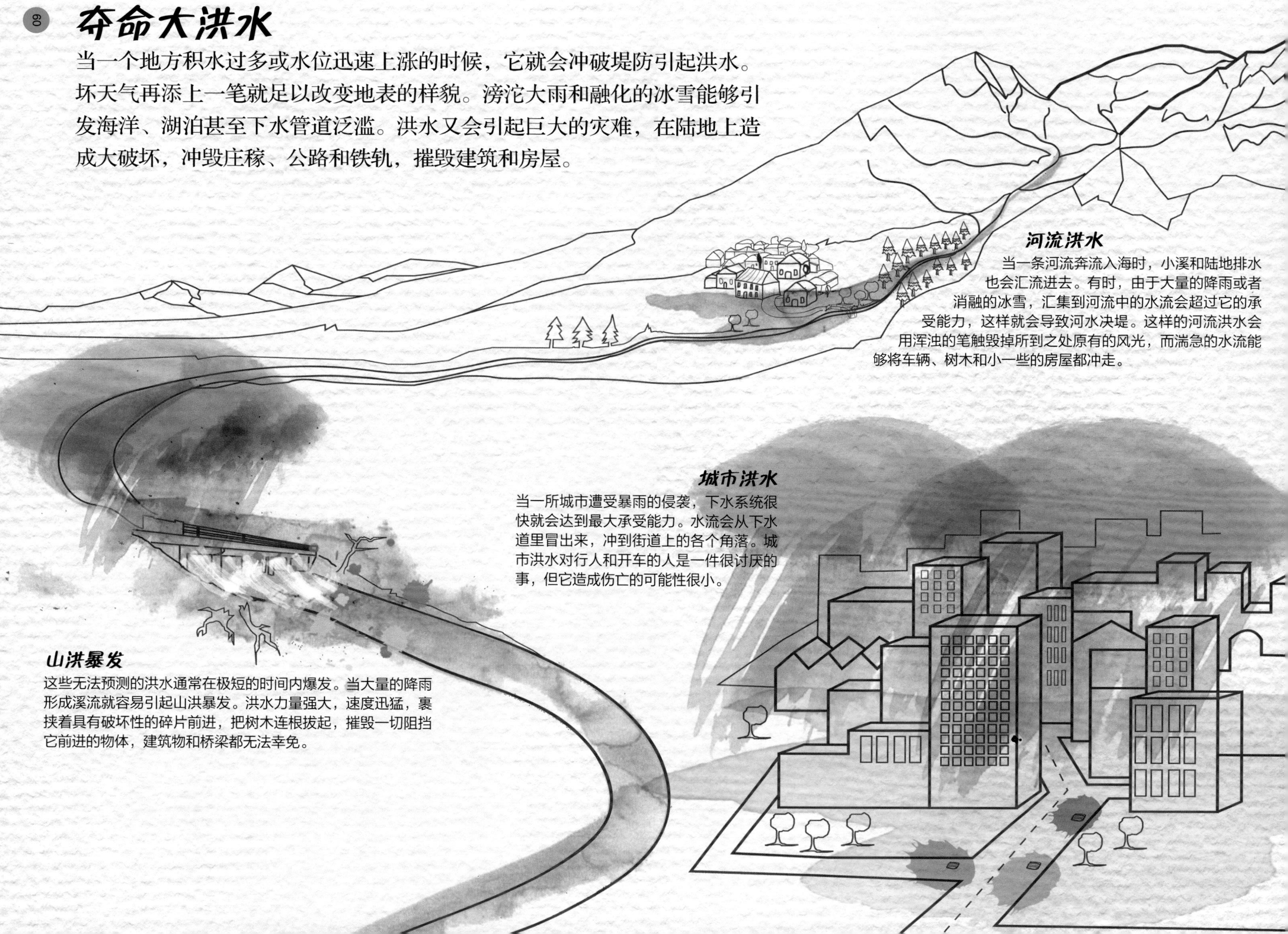

河流洪水

当一条河流奔流入海时，小溪和陆地排水也会汇流进去。有时，由于大量的降雨或者消融的冰雪，汇集到河流中的水流会超过它的承受能力，这样就会导致河水决堤。这样的河流洪水会用浑浊的笔触毁掉所到之处原有的风光，而湍急的水流能够将车辆、树木和小一些的房屋都冲走。

城市洪水

当一所城市遭受暴雨的侵袭，下水系统很快就会达到最大承受能力。水流会从下水道里冒出来，冲到街道上的各个角落。城市洪水对行人和开车的人是一件很讨厌的事，但它造成伤亡的可能性很小。

山洪暴发

这些无法预测的洪水通常在极短的时间内爆发。当大量的降雨形成溪流就容易引起山洪暴发。洪水力量强大，速度迅猛，裹挟着具有破坏性的碎片前进，把树木连根拔起，摧毁一切阻挡它前进的物体，建筑物和桥梁都无法幸免。

风暴潮

飓风形成的风旋推动水流向岸边靠近，这就是人们所说的风暴潮。前进中的风暴潮会与普通的前进中的潮水相结合。在这层水墙上由风推动的海浪会猛击海岸、摧毁建筑物、淹没陆地。

海岸洪水

在一场严重的风暴中，风可以将海水变成巨浪。它们会不停地拍打海岸。最终，巨浪冲破海堤，海水会灌进陆地，在沿海地区造成洪灾。

海啸

在海床发生地震或火山喷发后，巨大的海浪会铺天盖地卷来，这就是海啸。当海浪到达海岸时，它的速度会减慢，但是海水的高度会变高。一开始，海岸线上的海水会退去，将平时隐没在水下的部分暴露出来，但是当海水来袭时，它就会淹没陆地，横扫一切挡在它眼前的障碍。

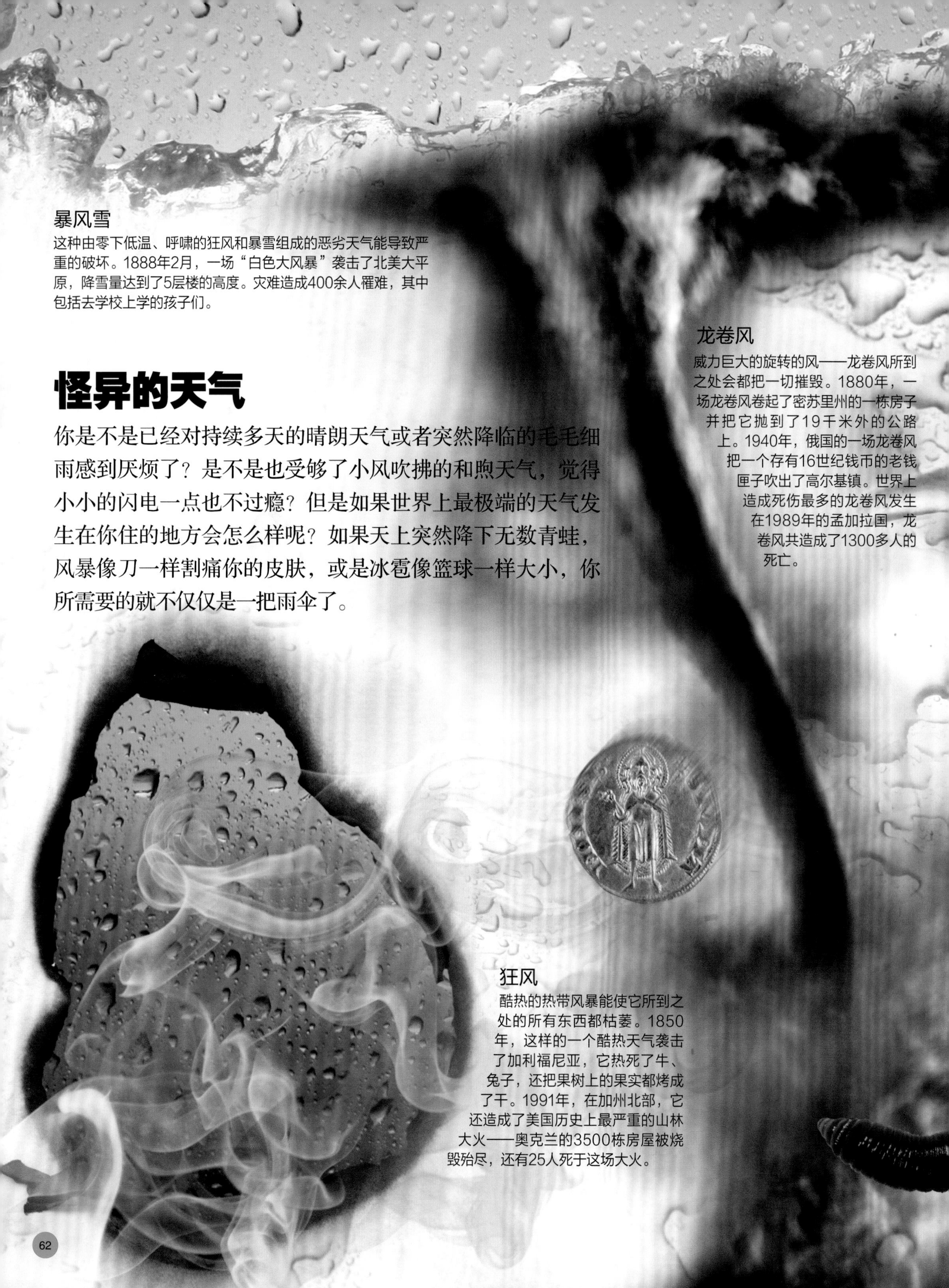

暴风雪

这种由零下低温、呼啸的狂风和暴雪组成的恶劣天气能导致严重的破坏。1888年2月，一场“白色大风暴”袭击了北美大平原，降雪量达到了5层楼的高度。灾难造成400余人罹难，其中包括去学校上学的孩子们。

怪异的天气

你是不是已经对持续多天的晴朗天气或者突然降临的毛毛细雨感到厌烦了？是不是也受够了小风吹拂的和煦天气，觉得小小的闪电一点也不过瘾？但是如果世界上最极端的天气发生在你住的地方会怎么样呢？如果天上突然降下无数青蛙，风暴像刀一样割痛你的皮肤，或是冰雹像篮球一样大小，你所需要的就不仅仅是一把雨伞了。

龙卷风

威力巨大的旋转的风——龙卷风所到之处会都把一切摧毁。1880年，一场龙卷风卷起了密苏里州的一栋房子并把它抛到了19千米外的公路上。1940年，俄国的一场龙卷风把一个存有16世纪钱币的老钱匣子吹出了高尔基镇。世界上造成死伤最多的龙卷风发生在1989年的孟加拉国，龙卷风共造成了1300多人的死亡。

狂风

酷热的热带风暴能使它所到之处的所有东西都枯萎。1850年，这样的一个酷热天气袭击了加利福尼亚，它热死了牛、兔子，还把果树上的果实都烤成了干。1991年，在加州北部，它还造成了美国历史上最严重的山林大火——奥克兰的3500栋房屋被烧毁殆尽，还有25人死于这场大火。

有色雨

2001年夏天，一场掺杂了绿色、红色和黄色的雨从天而降，来不及躲避的行人衣服都被染了色。起初，人们认为这是由爆炸的流星粉尘染成的雨，但是并没有任何证据可以验证这样的推理。最后，科学家们找出了元凶——长在当地树上的一种藻类植物，雨染上颜色是因为它们释放出了带有各种颜色的孢子。

红色精灵

这种瞬间出现的闪光有时可见于夜间出现的雷雨之上，通常位于空中40英里（65千米）的高度。当这种像红宝石一样的闪电出现时，蓝色的光束会穿透顶端的云层，形成所谓的“蓝色气流”，它为闪电增添了奇异的霓虹灯效果。

冰雹

在下大雨的时候，可能会掉下来小片的冰。猛烈的冰雹会给一切事物带来严重的破坏。1986年，重达1千克的冰雹袭击了孟加拉国，造成92人死亡。同样，一场冰雹灾害也发生在1930年的德国，4名德国滑翔机飞行员不幸卷进一场风暴中，变成了“人体冰雹”。当他们坠落到地面上时，已经变成了结结实实的冰坨！

闪电

闪电划过天空的时速超过36万千米，而每秒都有100多道闪电击中地球上的某个角落。这道巨大的闪光能够将它周围的空气加热到27000摄氏度，这相当于太阳表面温度的3倍。尽管遭到雷击可能导致死亡，一位美国弗吉尼亚州的公园管理员罗伊·苏利文在他36年的工作中遭到了7次雷击，却都奇迹般地死里逃生。

蠕动的虫子

2007年，埃莉诺·比尔正穿过美国路易斯安那州的一条街道，这时一团蠕动的肉虫从天而降。历史上也有像鱼、乌龟或是青蛙等动物从天而降的记载，这也许是由于水龙卷把它们从水中吸出来以后又泼到了陆地上。令人惊奇的是，一些动物经过高空飞行的历险竟然安然无恙地存活了下来。

污染物总表

小心——到处都是污染！它就在你的脚下，在河流海洋里，在你呼吸的空气里。当大量的原油泄漏威胁野生动物时，其他的污染同样也会对人类的生存造成严重威胁。有些甚至会造成气候的变化。事实上，世界上有很多的污染，你甚至没法发现它们的踪迹。无论你是看见一团危险的云团向你飘过来，或是发现可怕的绿色油泥漂浮在水中，请随时查看你手边的这幅有害物质表。

辐射

如果没有太阳持续提供能量，地球上就不会存在任何生命。然而，放射性的原子放射出来的射线会破坏植物和动物的细胞，导致致命的疾病和恐怖的基因变异。更加令人恐惧的是，这些射线是无法被看见或感知的，而且它们是不会被阻断的——伽马射线可以穿透3米厚的物体！

1. 1986年苏联的切尔诺贝利核电站爆炸，造成了47人死亡，130000人受到了过量的核辐射。它不仅会对未来产生可怕的后果，还让该地在爆炸后至今寸草不生。

2. 地球持续地受到太阳发出的可能致死的光线的照射。过多的紫外线（UV）会灼伤你的皮肤甚至导致皮肤癌。

空气污染

在你周围的空气里飘浮着各种各样的讨厌的化学物质，例如非常细小的灰尘、有毒的液体或是无色的气体。它们有些是由于火山喷发、森林大火、腐烂的植物或是动物排泄物造成的，但是大多数还是由人类带来的。

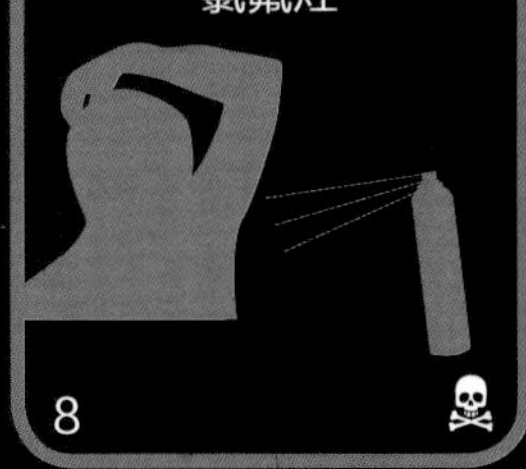

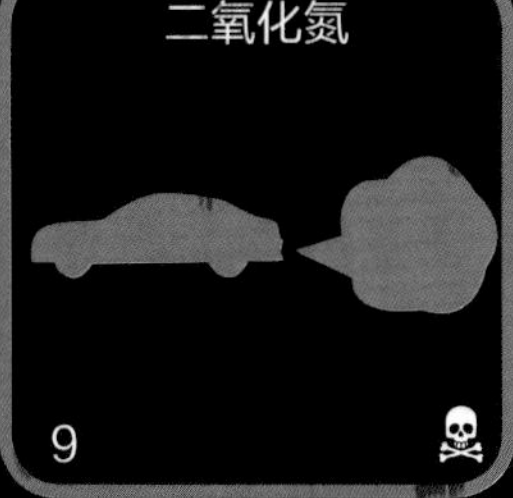

3. 1984年，在印度博帕尔市，43吨的异氰酸甲酯从工厂中泄漏，有毒的气体涌向城市。事故导致25000人出现气哽、窒息等症状。

4. 1976年，意大利梅达的一家化学工厂发生爆炸，有毒气体泄漏到空气中。带着有毒气体的云团向下风向飘去，结果使193名受害者脸上留下了疤痕。

5. 烟雾是烟尘和雾的结合。1952年，英国伦敦有超过12000人死亡。这要归罪于受到污染的烟雾，当地人都叫它"黄色浓雾"。

6. 从电厂、汽车和工厂里排放出来的二氧化碳是造成全球变暖的主要元凶，因为二氧化碳会让太阳散发出的热量停留在大气中。

7. 喷发的火山会释放出成团的二氧化硫。当这种气体在云中分解之后，就会产生酸雨。它不仅会污染河流湖泊，还会杀死野生动物。

8. 氯氟烃（CFCs）会造成臭氧层中的空洞，臭氧层是保护地球免遭太阳放射出的有害紫外线照射的重要屏障。1987年开始，氯氟烃被禁止用于多种产品的生产。

9. 天然气和柴油发动机会释放出大量的二氧化氮。这种氮氧气体也会破坏臭氧层，造成酸雨，并导致致命的肺部疾病。

10. 腐烂的废物，例如牛粪会释放出难闻的甲烷气体，与等量的二氧化碳相比，这种温室气体能将温室效应加快20倍。

11. 燃烧的森林排放出大量的二氧化碳、甲烷、一氧化氮和溴化甲烷（另一种危险的温室气体）。

12. 烟草中含有4000种化学物质。其中至少有50种会引发癌症，其他许多物质例如甲醛、砷和氰化物也都是有毒的。

毒害级别

☠ 有毒

☠☠ 高毒

☠☠☠ 剧毒

土壤污染

有毒化学物质会通过各种途径深入到土壤中——例如工业给料、地下储存罐的泄漏、垃圾填埋场以及在庄稼地里喷洒杀虫剂。一旦有毒物质进入土壤中，就会被植物吸收，从而影响整个食物链，将有毒物质从蠕虫、害虫传播到鸟类，最终到人类身上。

19. 乱扔垃圾可能导致许多海洋动物窒息而死，其中塑料制品是危害最大的，因为它们不会腐烂或降解。一个丢在海滩上的矿泉水瓶可以随着洋流漂流上千米远。

20. 杀虫剂虽然是用来杀死害虫的，却也能给其他动物带来毁灭性的打击。一种叫做DDT的农药在1972年被禁用以前，几乎杀死了美国所有的秃头鹰。

水体污染

这种污染可能是世界上最大的杀手。目前为全世界仍有5亿人仍然无法获得纯净的饮用水，而只能喝受到污染的水。未经处理的污水是霍乱、伤寒症等致命病菌生长的温床，而工厂、矿山和油井也将酸性物质、各种盐类物质以及其他的有毒化学物质排放到河流、湖泊和海洋中。

13. 从1932年到1968年，27吨汞废料被倾倒进了日本水俣市的海边。大约2000多名受害人在食用了受到污染的海产品后死亡。

14. 1996年在菲律宾，大约300000卡车的采矿废料从一个废弃的矿井中泄漏到附近的两条河流中，造成了山洪暴发。

15. 未经处理的污水是危险的微生物，例如大肠杆菌这类毒素的来源。2007年，巴勒斯坦当地的一个污水沼泽池造成5人溺毙。

16. 水体的污染会导致有害藻类爆发，形成"赤潮"，并释放出有毒物质侵害贝类物质（如果人类食用会致命），耗光水中的氧气，最后导致鱼类大面积死亡。

17. 1978年多氯化联苯被禁止从电器工厂里排放进入河流，因为科学家怀疑它可能导致鱼类受污染，人们食用后有可能患上癌症。

18. 当原油泄漏形成一层厚厚的黑色的油膜时，会杀死大量的鸟类和海洋动物。1989年埃克松·瓦尔迪兹号油轮发生原油泄漏后，20万只海鸟死于该事故。

监控污染

我们每天都会受到刺眼光线、巨大噪声和浑浊的空气的刺激。近期的一项调查表明，荷兰每年有600人死于与压力有关的疾病，而这些疾病都是由于噪声污染导致的夜间失眠引发的。而且，音乐声音过大会导致永久性的失聪。

21. 人造的光线会迷惑很多动物。在美国的佛罗里达州，刚刚孵化出来的小海龟需要依靠月光的指引才能回到海洋，但是海岸边明亮的灯光经常把它们引向错误的目的地。

22. 各种各样的机器让我们活在了一个充满噪声的世界。在夜里，一艘装配在现代化船只上的声呐发出的嗡嗡声足以吵醒海岸上方圆20平方千米以内的人们。

23. 当一个电站首次开始运行时，它的冷却塔里释放出的热量会把附近的湖泊和河流都加热，从而造成鱼类和其他动物的大量死亡。

24. 当你不得不看向广告牌、电线杆、手机信号发射塔和高耸的塔状水泥建筑时，他们并不会杀死你，但是它们会把一些人逼疯。

全球变暖

地球被各种各样的气体包裹着，它们像温室一样阻挡太阳的热量，保持地球的温度适宜生物生存。人类在地球上的活动释放出过多的这种“温室气体”，结果导致了温室过厚温度升高。由于以上的原因，我们的巨大蓝色星球正在发生一个巨大的、惊人的变化，它会影响地球上的每一个人和一切事物……

❷ 第二击：风暴

自从1980年以来，极端天气变得越来越常见，已经导致60万人死亡。2005年，15场飓风袭击了美国，其中包括破坏力巨大的卡特里娜飓风，它摧毁了新奥尔良市。2007年，洪水在墨西哥、印度、孟加拉和韩国泛滥。科学家预测未来将会发生更多像1979年的台风泰培一样猛烈的风暴，这次台风席卷了2200千米的地区，速度有每小时300千米。

❸ 第三击：融化的冰雪

脆弱的北极，温度上升的速度比地球上其他地方还要快上两倍，这导致巨大的冰块正以惊人的速度融化。沃德·亨特冰架是北极最大的冰块，21世纪它开始逐渐分化，在此之前它作为一个整体已经存在了3000多年。冰雪的消融对北极熊和因纽特猎人是致命的灾祸，因为他们都必须依靠冰雪才能捕猎到海豹。

❶ 第一击：干旱

由于持续高温和极其微少的降雨量，目前，全球超过8000万人口都受到旱灾的影响。非洲是受害最为严重的地区，澳大利亚在过去的十年中已经逐渐发展到了严重干旱的地步。土地干旱龟裂，沙漠面积扩大，无法种植庄稼，可能导致几百万人离开他们的故乡迁徙。而由于高温和干旱，野火可能变成非常普遍的现象，就像2009年横扫美国和澳大利亚的大火一样。

❹ 第四击：上升的海平面

由于地球两极的冰雪消融，海平面在今后的30年内会上升2米。这个高度足以淹没密西西比河、尼罗河和孟加拉河三角洲1500万居民的家。盐水已经开始污染地下淡水，并开始对中国上海、印度孟买和泰国曼谷这种大城市的淡水供应构成了威胁。

❺ 第五击：冰期

冰架的崩裂将会引发洋流系统的改变，比如大西洋的海湾流。这会使欧洲北部变暖，也将阻止加拿大和西伯利亚很常见的严寒天气的发生。如果两极融化的淡水截断海湾流，就会在欧洲产生一个"迷你冰期"，重演15世纪和18世纪的历史，那时的泰晤士河经常结冰。

❻ 第六击：不稳定的地球

融化的冰雪意味着上升的海平面。科学家预测这还将引发火山爆发、地震、海啸和海底泥石流。1967年，印度的科尼亚水库装载了250万立方米的水，水对地面的压力直接引发了当地的一场地震，导致200人死亡。

❼ 第七击：生态环境

当地球持续升温，许多物种会努力挣扎在现在栖息的地区生存下来。例如许多开花的植物如果没有经过漫长的冬季就不能恢复活力重新绽放，一些鱼类会早早地向北迁徙寻找冰冷的海水。据估计，全球温度将会上升2摄氏度，温热的海水和不断增加的酸性将会杀死世界上许多的珊瑚礁。

http://www.THE_END_OF_THE_WORLD.com

世界末日的启示!

自从地球上有了生命，一个又一个物种在地球上相继绝迹。通常，一个物种在它首次出现后的1000万年内就会绝迹。在地球上存活过的98%的物种现在都已经灭绝了！如果物种是在突然之间毁灭性灭绝的，人们就把它称作“集群灭绝事件”。究竟是什么引发了集群灭绝？它又向我们预示着什么呢？

HOME

五大生物灭绝事件

在地球的历史上已经出现了许多次大规模的物种灭绝，但是其中一些并没有对生物多样性带来毁灭性的打击。历史上出现的五次生物最大规模的大灭绝事件，曾毁灭了地球上19%到90%的生物。人们对这些灾难的疑问和引发它们的原因一直没有得到解答。引起大多数灭绝事件的原因不是来自上天（彗星或小行星撞地球），就是来自地下（大规模火山爆发）。

五大集群灭绝事件

时间	事件	生物死亡的比率	影响	后果
4.4亿年前		25%		奥陶纪和志留纪是由两个接连发生的事件引发的：一开始冰川形成，海平面下降，然后冰川融化，海平面又上升。生活在海岸附近的软体动物和鳗鱼形状的牙形虫受到了最大的冲击。
3.65亿年前		19%		没有人知道究竟是什么导致了泥盆纪大灭绝的发生。我们现在知道的就是那时温度急剧下降，共发生过两次，也许是由于火山爆发或是小行星撞击地球迸发的烟尘而导致的。盾皮鱼和远古的造礁藻类是最大的受害者。
2.5亿年前		90%		二叠纪-三叠纪的集群灭绝是目前为止最严重的。主流学说认为某颗小行星导致了这次大灭绝，但其他的研究则认为西伯利亚暗色岩台地发生了大型的火山活动，喷发出来的熔岩面积足有澳大利亚大陆大小。当时地球上大部分的生物几乎都灭绝了。
2.14亿年前到1.99亿年前		50%		三叠纪-侏罗纪灭绝最有可能因大规模熔岩从南极中心的磁心的火山喷发出来所导致的。地球上大约一半的物种都灭绝了，其中包括海洋爬行生物。
6500万年前		50%	 	白垩纪-第三纪大灭绝（KT）可能是由于一场流星撞击墨西哥引发的大灾难导致的。这次撞击造就了一个巨大的火山口，还引发了大火、地震和海啸。天空中的碎片让地球陷入了一片黑暗。

地图

地球 | 未来 | GO

过去24小时 | 过去1小时 | 预告

第六大集群灭绝事件

科学家预言未来集群灭绝事件的发生的概率要比地球以往该类事件的平均发生率提高100到1000倍。我们生活在全新世的集群灭绝事件中：也就是第六大集群灭绝事件。在最后一个世纪里，大约有2万到200万种物种已经灭绝。但是科学家已经观察到物种灭绝的速度正在加快，这与人类的活动密切相关。第六大集群灭绝事件与前几次灭绝完全不同，因为它主要是由于人的行为所导致的，而不是自然界本身的问题。那么我们最终的结局将会怎样？……

引发第六大集群灭绝的原因

灭绝事件尚无法确定

起因	后果
	大规模的流星撞击 外太空来的物体时常撞击地球，导致不同程度的损伤。如果一个和小行星大小相当的流星撞击地球，那么我们就将不复存在。
	**大规模的火山爆发** 想象一下一座火山喷发时带来的破坏吧。如果多座火山连续喷发，熔岩将会覆盖地面，空气中将充满有毒的气体和烟灰。
	**核战争** 大多数人都反对核战争，因为一旦全面的核战争在超级大国之间展开，地球将遭到毁灭性的打击，它们会杀死人类，地球上一切生物将在劫难逃。
	**黑洞** 如果黑洞光临太阳系，稍大些的行星的运行轨道将发生改变，被黑洞拉过去。太阳和其他的行星将一个一个地被吸进去。
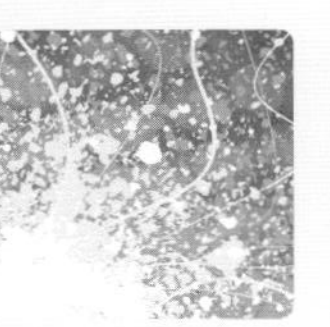	**扩大的太阳** 如果上述的情况都没有发生，那么地球也几乎一定会在500万年以后走到末日尽头，被扩大的太阳所吞没。

预报短片

天气预报：大晴天

点击播放

第三章　吓人的地方
准备好加快速度乘火箭参加一次让你印象深刻的太空旅
行了吗？你对一些行星的房产投资感兴趣吗？看看金星
上活跃的水蒸气或是体验一下海王星上凉爽的气候，然
后“嗖”的一声进入扭曲的时空，乘着气浪穿过黑洞来
到一个平行的宇宙。这真是一场超级可怕的银河系间大
冒险！

火箭和降落伞

太空旅行是一个危险的游戏，因为事情可能会朝着非常恐怖的错误方向发展。最为危险的时刻是发射——也就是飞船飞上天空，以及飞船打开降落伞落到地面上的瞬间。掷出骰子看看你是否能从发射台（第一格）安全返回指挥中心（第三十六格）。

火箭：发射的危险

14 不准吸烟

在过去，火箭使用2000吨燃料进行发射。点火只要一点火花……然后“砰”一声巨响火箭就会升空。1960年，当时隶属于苏联的哈萨克斯坦一个航天中心的火箭发生爆炸，91人在这场灾难中丧生。

16 制作材料发生错误

1967年，“阿波罗1号”的指令舱在一次演练中出现了火花，舱内3名美国宇航员命丧黄泉。这是由什么导致的呢？也许就是因为一名宇航员的尼龙航空服与座椅摩擦产生火花造成的。

19 细小的失误，巨大的爆炸

1986年，“挑战者号”航天飞机在升空仅仅73秒后就发生了爆炸。右边的固体燃料火箭助推器上的一个细小的部件（O形密封环）失灵，导致滚烫的气体泄漏出来。气体燃着了航天飞机，机舱炸成碎片并冲进了海里，机上的7名宇航员全部遇难。

24 是时候打开降落伞啦

1981年到1982年共进行了4次航天飞行任务，航天飞机为指挥员和飞行员准备了弹射座椅，却没有为其他宇航员准备这类逃生设备。它们只为升空做好了准备，超级滚烫的温度和以超音速运动的风气浪，决定了任何人在返回地面的过程中如果弹射出来都会死掉。

29 不幸的发射

1969年，“阿波罗12号”在升空之后立即被一道闪电击中——这真的非常可怕，因为飞船上装满了燃料。幸运的是，没有任何东西被引燃，但是从那以后，凡是在发射塔方圆18千米范围内有任何闪电云，发射就会被推迟。安全总比遗憾好。

32 没有“停止”的开关

航天飞机的固体燃料推进器一旦被点燃，就没有办法关闭了。只有在燃料用尽的时候，它们才会停止。然而，1994年发射的STS-68号飞船上，电脑在预测到故障后赶在飞船发射前几秒钟关闭了引擎。

34 太空黑猩猩

你应该庆幸自己不是被送到太空里的大虾、青蛙、蜗牛、小狗或者猴子——因为它们之中的大多数都没能返回地球。首批乘坐美国航天飞船前往外太空的猴子都被命名为阿尔伯特，它们都死掉了。一只名叫汉姆的太空猩猩是第一只活着返回地球的灵长类动物。

降落伞：返回地面的危险

4 失控的降落

1967年，苏联“联盟号”载人飞船的太空舱上，宇航员乌拉基米尔·科马罗夫成功地飞上太空并返回地球，可惜的是在他返回地面时，降落伞发生故障未能打开，他乘坐的太空舱以每小时300千米的速度撞向了地面。

10 驾驶一块砖头

2010年4月，恶劣的天气让STS-131号飞船的返航时间比原计划推迟了2天。当飞船终于返回到地球的大气层时，飞行员必须做到一次成功，因为引擎失去了动力，所以飞船没办法绕个圈子再试一次。事实上，着陆中的滑行和随后的降落过程是非常困难的——就好比在驾驶一块砖头！

12 幸运逃生

1961年，维吉尔·格瑞森成为第二位成功进入太空的美国人。真是乐极生悲，他返回地面时，水星号的太空舱差点沉入海中——一个舱门在着陆时打开了，海水灌进他的飞行服差点让他溺水而亡。

21 没有压力

如今的航天员都会穿着加压航天服，这是因为1971年发生的一个事故而改变的：在“联盟号11号”飞船返航途中太空舱的一个阀门松动了，迅速增加的空气压力导致了飞船上3名苏联宇航员的死亡。

25 迟来的灾难

2003年，在“哥伦比亚号”飞船发射时，一小块泡沫绝缘砖松动了并以极高的速度击中了飞船的左翼，撕开了一个大口。在航天飞机返航过程中产生的高温扩大了这个口子，完全毁掉了飞机的左翼。随后，整个太空飞船撞向地面并解体，7宇航员全部都命丧黄泉。

太空手术

大家好，我是赫克托，您的飞船电脑助手。我们现在正飞行在距地球350千米的太空中。我想说早上好，但是如果你在今天环绕地球飞行时还能看到另外14次黄昏，又何必这么麻烦？你该接受3个月1次的健康检查了，所以请飘浮到医疗舱。

正在进行全身扫描

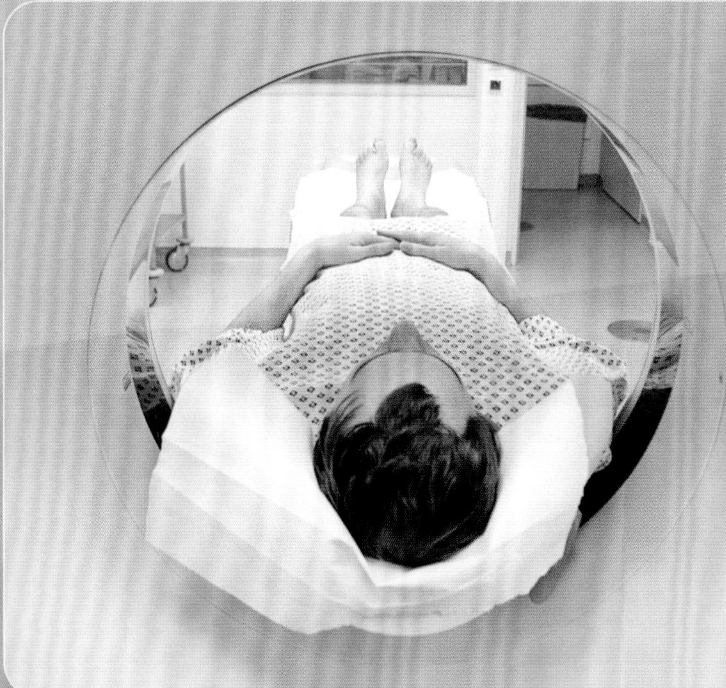

健身项目

赫克托又来啦。在失重的太空中，生活毫不费力，因此你的肌肉和骨骼得不到锻炼。你必须保持一定的运动量，每天健身3次。要好好地在高耐力锻炼装置（RED）上练习，但不要在跑步机上跑得太用力了——它会让整个空间站震动起来！健骑机与心率器相连接，这样我就知道你有没有偷懒了。

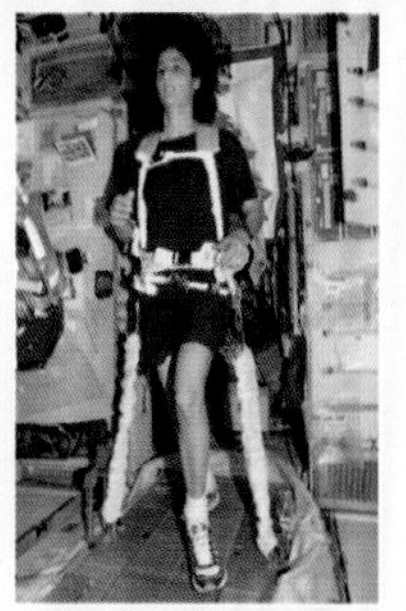

病历

1=低 5=中 10=高

你有充足的睡眠吗？

1 2 3 4 5 6 7 8 9 10

病人评价

在哪里睡觉都很好，睡袋也很舒服，但是我总是醒过来！睡在我边上的那名叫伊万诺夫的宇航员呼噜响得就像过火车一样。而且，我的铺位就挨着窗户，太阳每隔90分钟就要升起来一次！我也老是做这样的怪梦。

赫克托的评价

不要担心，做这样的梦在宇航员身上很常见。如果你想睡得更好点，我建议你戴上眼罩，这可以把初升太阳的强光遮住。不过我恐怕没有什么好点子能治疗打呼噜，戴上一副耳塞怎么样？

你在飞船上感到压力很大吗？

1 2 3 4 5 6 7 8 9 10

病人评价

这间小小的太空舱开始让我感到紧张了。我跟大多数队员都相处得不错，但是藤田和我那天差点打起来，因为她的实验一直没有成功，而她把这次失败的责任全都推到我身上。

赫克托的评价

在这样压迫的空间里，一定要给自己留些“停工时间”，听听音乐或者锻炼一下身体都很有帮助。如果可以的话，和藤田好好谈谈。曾经在一次太空飞行任务中，一名宇航员威胁要打开逃生舱的舱门，结果其他队员不得不把他控制起来。

你吃得好吗？

1 2 3 4 5 6 7 8 9 10

病人的评价

自从我克服了太空适应综合征以后就吃得好多了，尽管我吐在斯曼斯基身上以后他特别生气！我已经渐渐适应了在失重的空间里吃东西，但是我一直都不怎么饿，尽管我有100多种食品可以选择。

赫克托的评价

你在太空里身体不能得到足够的锻炼，所以比起在地球上的能量消耗，你就不需要吸收那么多的热量。但是你必须确保自己的身体能够得到充足的能量、维生素和矿物质。最后的建议：小心酥脆的食物——面包屑会阻塞空气管道，还会飞进你们的眼里，那会很疼的！

全身扫描结果

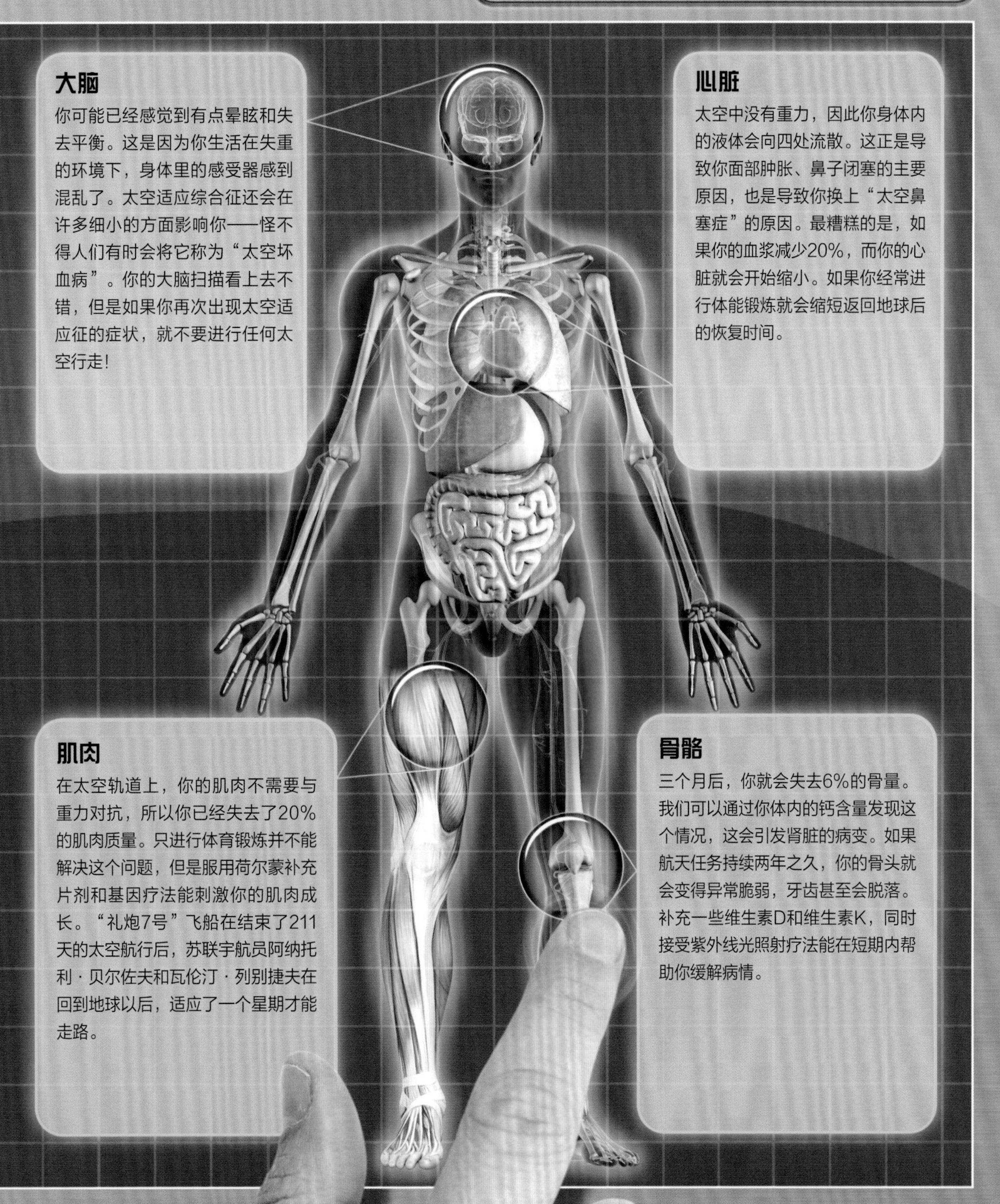

大脑

你可能已经感觉到有点晕眩和失去平衡。这是因为你生活在失重的环境下，身体里的感受器感到混乱了。太空适应综合征还会在许多细小的方面影响你——怪不得人们有时会将它称为“太空坏血病”。你的大脑扫描看上去不错，但是如果你再次出现太空适应征的症状，就不要进行任何太空行走!

心脏

太空中没有重力，因此你身体内的液体会向四处流散。这正是导致你面部肿胀、鼻子闭塞的主要原因，也是导致你换上“太空鼻塞症”的原因。最糟糕的是，如果你的血浆减少20%，而你的心脏就会开始缩小。如果你经常进行体能锻炼就会缩短返回地球后的恢复时间。

肌肉

在太空轨道上，你的肌肉不需要与重力对抗，所以你已经失去了20%的肌肉质量。只进行体育锻炼并不能解决这个问题，但是服用荷尔蒙补充片剂和基因疗法能刺激你的肌肉成长。“礼炮7号”飞船在结束了211天的太空航行后，苏联宇航员阿纳托利·贝尔佐夫和瓦伦汀·列别捷夫在回到地球以后，适应了一个星期才能走路。

骨骼

三个月后，你就会失去6%的骨量。我们可以通过你体内的钙含量发现这个情况，这会引发肾脏的病变。如果航天任务持续两年之久，你的骨头就会变得异常脆弱，牙齿甚至会脱落。补充一些维生素D和维生素K，同时接受紫外线光照射疗法能在短期内帮助你缓解病情。

莱卡是19世纪50年代苏联科学家从街头捡来的众多流浪狗之中的一条。

科学家选择母狗的主要原因是它们天性比较冷静，另外公狗会抬起腿来尿尿——穿上太空服后这是不可能的！

科学家们把小狗送上太空，希望了解零重力和辐射会对人类宇航员产生什么样的影响。

在莫斯科的一家实验中心，针对小狗的训练开始了。科学家们训练小狗长时间蹲坐，让它们穿上头盔和太空服。

模拟装置让小狗们能够适应火箭发射时的轰鸣和震动。

一台离心机再现了火箭发射时惊人的重力加速度。

1957年11月3日，人造地球卫星2号将莱卡送入了太空。在太空舱里，它被固定在一个背带里，可以调整姿势但是无法转身。

当人造地球卫星2号顺利升上太空，莱卡变成了一只“太空狗”——第一只成功进入环地球轨道飞行的太空狗。

唉，科学家们把莱卡送上太空的时候就知道它回不来了。

它承受不住过高的温度和5到8小时飞行带来的紧张情绪，最后还是死亡了。这时，苏联还无法制造出保持恒温的太空舱。

1958年4月14日，人造地球卫星结束了5个月的航行回到了地球，飞船在返回途中瓦解了，可怜的莱卡烧得连灰都不剩。

这只传奇的小狗莱卡永远活在了人们心中。莱卡在加压太空舱里的短暂太空之旅证明了哺乳动物能够承受太空飞船发射时的冲击，同时也能适应太空中的生活。这为未来的人类太空探索奠定了基础。

然而，莱卡的实验也引发了人们对科学家用动物做太空实验的争论。

结束

任务失败

和平号空间站

1986年，苏联发射了实验太空站和平号。空间站上的人员数量太多有时会成为问题，这次登上太空站的共有6名成员——但是问题才刚刚开始。

1997年2月23日，和平号空间站已经在太空中服役10年了，此时一场突发火灾使事态变得非常严重——这简直是每个宇航员最不愿意经历的噩梦。

宇航员们在燃烧产生的毒气开始散播之前侥幸逃出了和平号空间站，两天后太空舱的空气系统才能把污染的烟尘排出去。

到了三月，无人供给飞船进步号该与和平号对接，向宇航员们供应重要物资了。供给船上的摄像机突然失灵。

和平号上的指挥官瓦西里·齐布利耶夫尝试在看不见的情况下与供给船对接上——这是一个几乎不可能完成的任务。进步号飘了过来，但是与空间站失之交臂。

到了六月，另一艘供给船向和平号飞来，这时摄影机正常工作了。但是齐布利耶夫没能控制好。

这艘供给船靠近了和平号，但是撞坏了它的一块太阳能板，并把光谱号模块撞出了一个大洞。

和平号不受控制地翻滚。幸运的是，航天员迈克·福勒和萨沙·拉佐特金知道应该怎么处理。

在11分钟内，他们封上了光谱号模块的破洞——如果破洞再大一点，宇航员们可能在几秒钟内就会丧命。

经过数次充满威胁的太空行走，他们修复了光谱号的部分设备……但是灾难接踵而来！

电力中断了，主电脑反复地崩溃，自动飞行系统也失灵了。最后，在一根电脑线意外断开连接后，和平号开始脱离轨道在太空中飘浮。

一次又一次地，宇航员们的机智拯救了他们，避免更大的灾难的发生。但是事故还是造成了宇航员的死亡，当救援人员到达后，精疲力竭的齐布利耶夫和拉佐特金返回了地球。

但是，他们返回地球的归途也差点变成一场灾难，因为制动火箭推进系统失灵，他们的太空舱着陆时非常颠簸还发出了“砰”的一声巨响。

2011年3月23日，在最后一次修理任务宣告失败后，地面指挥中心宣布和平号正式退役。这座服役了15年的空间站最终坠向地球，并在临近斐济岛的南太平洋上空解体。

结束

太空警报

太空是一个危险的地方。如果你在发射中存活下来，那么接下来你必须面对在绕地轨道上的危险。操纵你的飞船穿过充满危险的大型垃圾的地球轨道。这些飘浮在太空里的碎片，或称为太空垃圾，小到涂料斑点，大到废弃的卫星，都以每小时28000千米的速度在太空中横冲直撞。在这样的速度下，就算是只有1毫米大小的碎片的威力也相当于一发子弹。

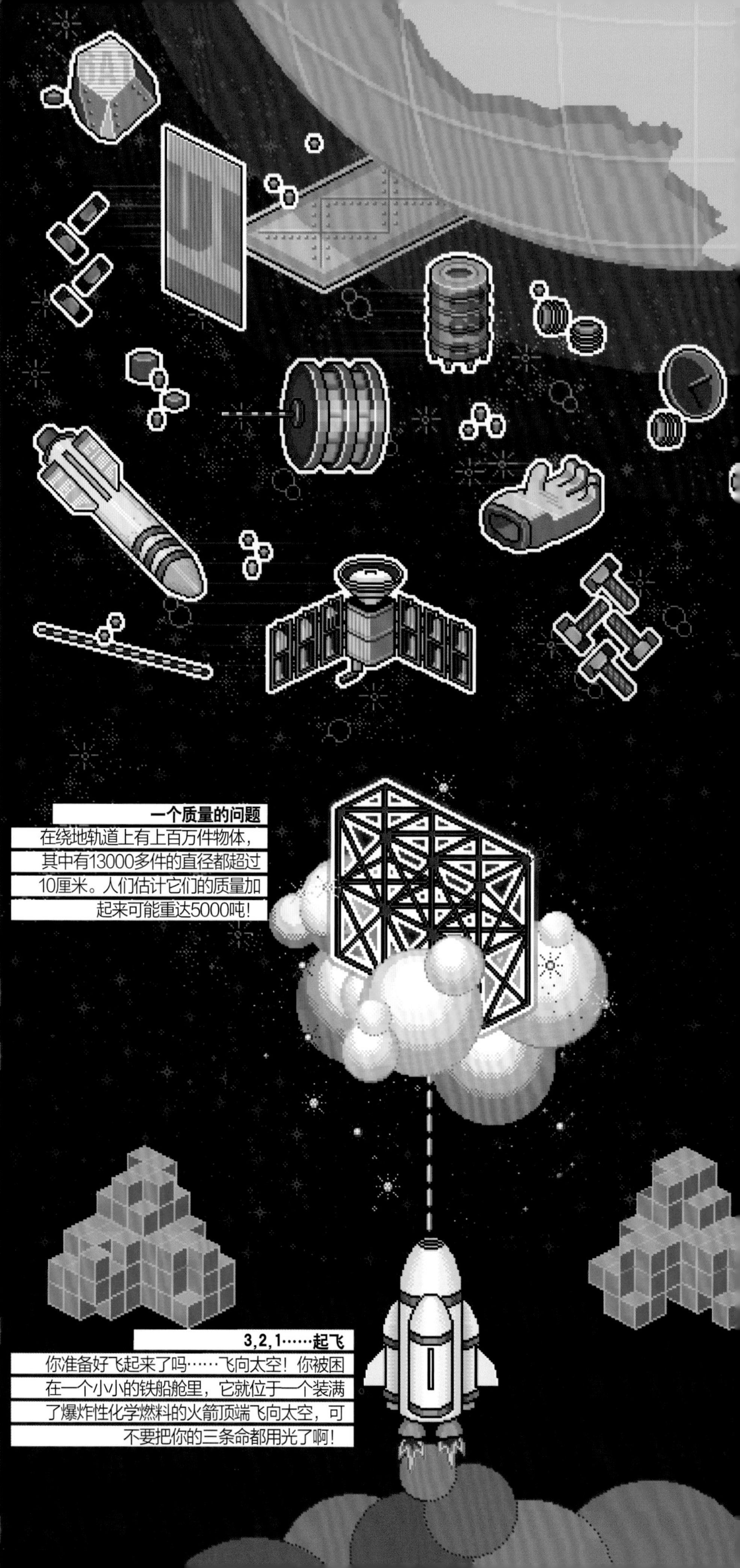

一个质量的问题

在绕地轨道上有上百万件物体，其中有13000多件的直径都超过10厘米。人们估计它们的质量加起来可能重达5000吨！

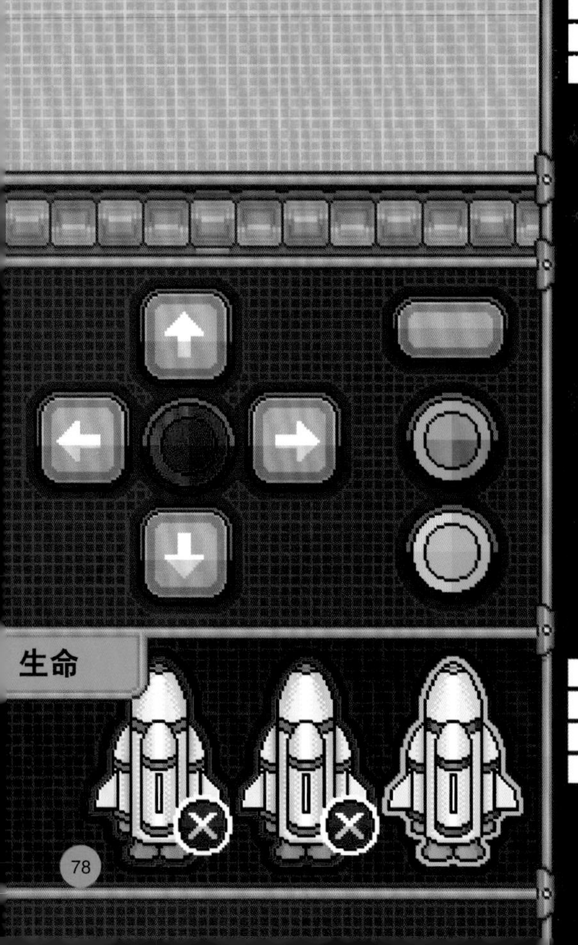

3,2,1……起飞

你准备好飞起来了吗……飞向太空！你被困在一个小小的铁船舱里，它就位于一个装满了爆炸性化学燃料的火箭顶端飞向太空，可不要把你的三条命都用光了啊！

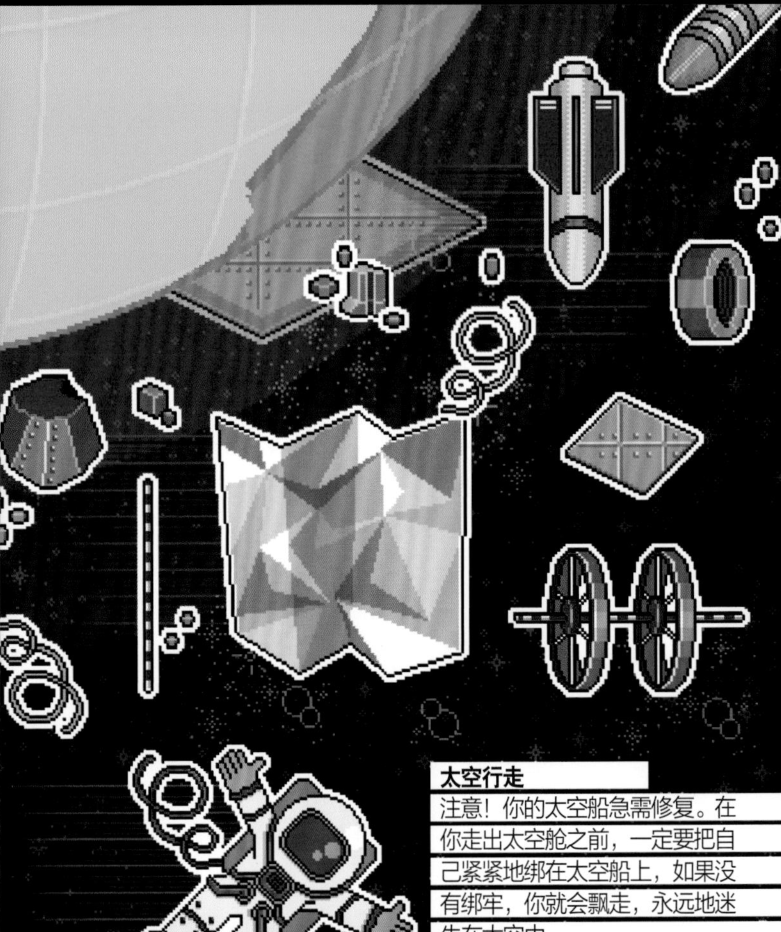

太空行走

注意！你的太空船急需修复。在你走出太空舱之前，一定要把自己紧紧地绑在太空船上，如果没有绑牢，你就会飘走，永远地迷失在太空中。

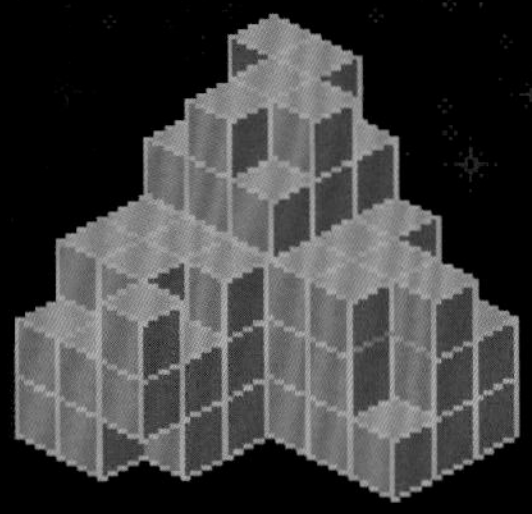

停火！

避免撞击时，对你来说最好的对策就是什么也不做，静候自己的飞船穿过飘浮的垃圾逃过这一劫。千万不要对它开火，不然会有更多的碎片挡住你前进的道路。

垃圾表

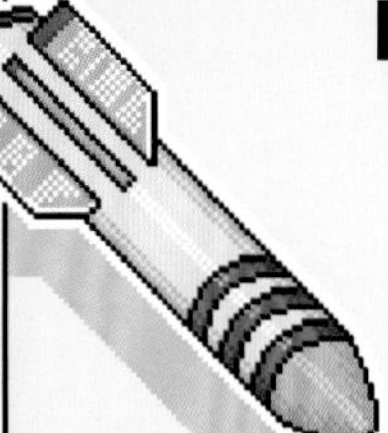

火箭推进器 200分

用来发射航天飞机所需的燃料都装载在火箭推进器里。当燃料用尽后，空的火箭推进器就会被抛弃到太空中。

疾飞的手套 150分

1965年，双子座4号的宇航员爱德华·怀特丢掉了他的一只保温手套。它在地球轨道上快速飞行，变成了历史上最危险的手套。

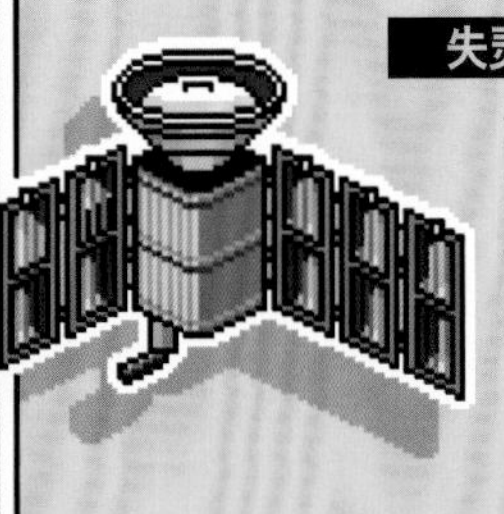

失灵的卫星 100分

迄今为止，人类已经向太空中发射了上千颗卫星。当它们到达使用寿命后，大多数都被遗弃在它们的运行轨道上。

油漆碎片 80分

一块小小的油漆碎片就能在航天飞机上砸出一个硬币大小的洞。太空尘暴则可以将太空飞船的保温层扯掉，当然也可以撞翻飞船。

身穿宇航服、脚蹬宇航靴

如果你不穿宇航服就无法在太空中待很长时间，待在一个真空中，只要15秒钟你就会因为大脑缺氧而昏迷。而在缺少保护的情况下，你会暴露在太阳的辐射下，皮肤会被灼伤，你的唾液也会变成开水。游戏结束！

http://www.intergalacticestateagents.com

为何还在等待？重新置业！

家园，甜蜜的家园

人们都在议论纷纷，说有颗小行星即将撞击地球，再也不会有比这更合适的时机去考虑一下在太阳系之外的荒野之地购买第二个家园了。忽略掉那些有关敌对的外星生命的谣传，创造一片不被恼人的虫子和吵闹的邻里所打扰的宁静之所吧。

地点	太阳系
我想要	购买
最低价	300000太阳能美元
最高价	500000太阳能美元
关键词	行星、水、生命保障

本周摘引：

“超前思考一下，我们在火星上买了1000年的分时享用权，却被巨大的沙暴给摧毁了……偶有的流星雨也是个摧毁者。”杰克·山德斯。

市场上绝对的新品，保留了它的一切原始特征。表层气温是能让人觉得耳目一新的零下230摄氏度。冰冷的冥王星是太阳系中最冷的地方之一，所以穿得暖和一些吧。

水星

描述：白天表面酷热，温度高达350摄氏度，紫外线很致命。

条件：水星地貌独特，坑洼不平的表面被熔岩所覆盖。

亮点：太阳风引发了带有磁性的“龙卷风”，磁场的感应曲线宽达800千米。

客户反馈：水星大小与月球相近，因而对它有种熟悉感。

星级评定：☆☆☆☆

MARS 维多利亚坑：火星

金星

描述：火热的金星对那些喜欢热的人来说堪称完美！火山使得这颗行星更具吸引力。

条件：表面常年保持在狂热的480摄氏度。

亮点：避免表面的碰撞，生活在一个飘浮着的“村庄”。因为只有在50千米的高空时，压力才相当于地

客户反馈：看到这个星球的奇异的绿光会让人很兴奋，但是千万不要被这镶有硫酸边的二氧化碳毒云止住了你的脚步。

星级评定：☆☆☆

买进一段历史——这个被风吹袭的地方是由火星探测器在2006年首度造访造成的。

维多利亚陨石坑

火星

大家所熟悉的季节。这颗神奇的火星是首次买家的第一选择。

条件：需要花费一段时间去习惯稀薄的大气以及沙尘暴。

你温暖的光辉。

客户反馈：如果你喜欢红色，那火星就是你的理想之所，因为这里到处都是红色的尘土。

星级评定：☆☆☆☆☆

木星

描述：一个字：大！

条件：你会发现在这颗气体行星的某些地方具有很舒适的温度——21摄氏度。但是不要靠近中心太近，它比太阳还热。

亮点：著名的大红斑值得惊叹。大红斑是一种跨度超过40000千米的巨大风暴气旋。

客户反馈：绝缘至关重要，因为磁场内部的高能粒子辐射是个杀手。

星级评定：☆☆

土星

描述：超级土星是颗后起之星，很受开拓者的欢迎。

条件：土星的上部区域都是气体，因此如果有一个能着陆之地会使它大大受益。

亮点：这些光环很独特，但是要注意大块岩石轨道。

客户反馈：如果你想要进行一次极端航行，那就去土星的赤道测试一下那儿的风速吧，高达1500千米/时。真是太恶劣了。

星级评定：☆☆

天王星

描述：表面由气体组成，然而它冰晶般的液体核心透露着迷人的光彩。

条件：天王星得益于它良好的光照和通风，吹拂的微风让人神清气爽，风速为645千米/时。

亮点：可以好好享受一下天王星长达20年的各种极端的季节。

客户反馈：趁着现在是白天，赶紧买吧。天王星绕轨道自转，轴的两极发生交替，每一极都会有被太阳持续照射42年的极昼，而另外42年则处于极夜。

星级评定：☆☆☆

寻求刺激的探索者，请注意！

我们的小行星投资组合会让你晕头转向！内部推荐观察一下地下掩体，它能保护您免受宇宙和太阳的辐射。

海王星

描述：这里的一年相当于165个地球年。对于你们这群不想长大的彼得·潘来说，这里是你们的完美家园。

条件：住所安装有四层镶嵌玻璃，因为这里的风速达到2000千米/时。

亮点：氢气和甲烷气体为您提供了现成的燃料。

客户反馈：不适合喜欢温暖阳光的人，因为寒冷的海王星是离太阳最远的一颗行星。

星级评定：☆☆☆

小绿人迁徙

生命保障系统发生故障，需要快速撤出。没有哪颗行星或者卫星是过大或者过小的。等待的时间会因位置或太阳活动而变化。谨慎处理伤亡。

条款和协议：须事先支付定金，遇到意外事件定金概不退还。银河房产代理有权对所属地用品进行重新分配，恕不另行通知。

我的宇宙飞船大改造

如何将一架破旧的航天飞机改造成一个出色精简的光速巡航机？就算要到达离我们最近的恒星——比邻星（距离相当于来回月球5千万次）都需要有某种非常厉害的力量。如果你想要成为一个了不起的宇宙玩家，还必须要能处理恶心的虫子、微重力、辐射、碰撞风险等一系列问题。舱内豪华的配置以及光源会使你的机组人员保持兴奋，最后你要做的一件事就是在外太空来一次大反叛。

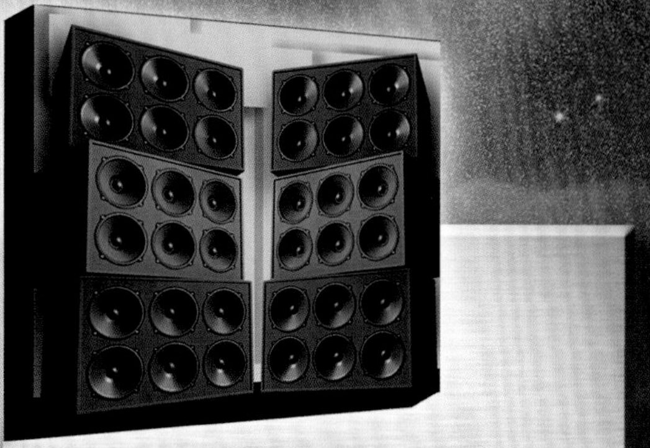

舒适最大化

长路漫漫，所以撤掉那些老旧的椅子，换上超级舒适的内置按摩垫的座椅和头枕。在舱内，你放音乐时可以想放多大声就放多大声，因此一套顶级的重音音响系统就成为了必需品。

Discovery

超级控制系统

驾驶老旧的航天器就像驾着装了翅膀的积木，因此安装最尖端的座舱控制系统和导航系统来使它改头换面吧。当在太空"嗖嗖"穿过时，你需要利用这些设备来避免遭受太空大块岩石的飞溅。

打开引擎盖

不管你选择哪种方式推进，大能量都会带来大问题。豌豆形状的反物质可以推动宇宙飞船穿越银河或者使它升空。同上，脉冲发动机，抛去背后的核弹，形成的奇妙冲击波能推动飞船前进。暗物质粒子在互相消灭的过程中会释放能力，暗物质引擎就可以利用这个能量——虽然没人确切知晓暗物质到底是由什么构成以及如何储存的。

太空牛仔舞

没错！射电波是以光速进行传播的，但是在外太空，你却无法与地球上的人进行即时畅通的通话。这时，录制下来的家人以及朋友的三维全息图能够帮助舱内人员在漫长的航程中保持头脑清醒。

看起来壮一些

在你自己所拥有的健身套房中安置一套人造引力系统，将会使你的机组人员时刻保持在最佳状态。当长时间地飘浮在没有重力的太空后，你可以在这个完美的环境中来强健一下你久不使用的肌肉。

保持清洁

逮住它——恶心的虫子也会潜藏在你的飞船中，一旦开始繁殖，将会使整个机组工作人员丧生，因此不要为了省钱而不安装良好的过滤系统。有人认为将绿植带上飞船不够酷，但是绿植确实能够有效吸收污染物和毒素，帮助提升舱内空气质量。

良好的填充物

厚厚的绝缘体并不会使你的太空行程名气大增，但是它会保护你免受高速粒子的侵害，这种高速粒子会不断轰击你的航天器，并且带有致命的辐射。早前，铝在飞往国际空间站的飞船上起到了这样的作用。在外太空，非常需要水和液态氢。

享受光照

当通过太阳系附近时，大天窗能让阳光充分照射进来。在外太空，黑暗会让全体成员笼罩上冬季抑郁情绪，而明媚闪亮的光线会让他们大大振奋起来。

外太空

在外太空，你会遭遇到一些大麻烦。就拿我们的星系——银河系来说：它看似就是一堆无害的恒星，但它实际上是个巨型的“食人族”。天文学家探测到它将矮星系撕裂，并最终被巨大的邻近星系吞噬。事实上，在那里有着一整个部族的超人捣蛋鬼。

超新星

年事已高的恒星喜欢在壮丽的余辉中自我毁灭。想象一下引爆200亿亿亿兆吨的TNT炸药吧，这个结果就是超新星——大规模爆发的辐射比整个星系还要耀眼明亮，形成的冲击波以11000万千米/时的速度猛烈冲击着太空。这样的能量会严重损害整个行星。你已被警告。

碰撞星系

避开碰撞星系，因为它们会慢慢将彼此拉开，将恒星、尘埃以及气体抛入狭长的流光中，留下一道痕迹。当星系碰撞时，它们会相互靠近，然后从另一侧以一种不同的形状穿出来。然而这个星系的争执可能需要数十亿年的时间，所以不要杞人忧天地担心着到底最后谁赢了谁。

超大质量黑洞

它的质量是太阳的30亿倍，重力简直让人疯狂。任何靠得太近的气体、恒星或是整个太阳系都会被它吸没。如果行星被它“拉”住，会被压得粉碎，如针头般大小。

中子星
中子星是在超新星爆发时产生的。虽然中子星很小，只有16千米宽，但是它是宇宙中密度最大的星体。不要挑战这个重量级的对手，因为一个堆满中子星材料的茶匙就能重达1亿吨，和一座山一样重了。
龙卷风
如果你惹上了龙卷风，那就意味着惹上了它的家族。太空龙卷在它的母亲——礁湖星云体内极度炽热的状况下产生，这种急速回旋的龙卷能长达5万亿千米。礁湖星云是由气体、尘埃、等离子体等形成的星际云，是新生恒星的摇篮。这些新生恒星爆发出来的等离子体形成巨大的恒星喷流，冲击波能行走许多光年。
暗物质
所有的星系、恒星、气体、行星以及人类加在一起仅仅只占了这个宇宙内容的4%，那另外的96%是什么呢？在大部分星系中潜藏有一群看不见的“暗物质”，神秘的“暗星系”飘浮在太空而未被发现。庆幸的是，它们似乎不与普通物质发生反应，所以它们不会惹到你。但是这个暗物质到底能释放出什么能量，没人对此有确切的了解。

时空旅行

在时空中穿梭旅行听上去就像科幻小说，但是部分科学家认为这一观点中存在一些严肃的科学问题。比如，在爱因斯坦的相对论中，他认为时间不是固定的，而他对次原子微粒的研究也揭示了存在平行世界的可能性。那么，只要得到一条宇宙弦或是一个左右摇摆的蛀孔的小小帮助，我们是不是就有可能到达前人没有去过的地方？只有时间能够证明这一切。

宇宙弦

抓住一条宇宙弦，用它巨大的万有引力就能拉动你以极快的速度航行。这些弦状物可能在宇宙存在的早期就已经形成了，而且可能遍布于整个宇宙之中。它们的万有引力非常大，因此可以弯曲空间和时间，允许时空旅行的发生。

蒂普勒圆柱

美国物理学家弗兰克·蒂普勒想出了一个关于时间机器的主意。他想用一块厚的物质卷成一个无限延长并且快速旋转的圆筒。如果太空飞船能够沿着正确的螺旋路径环绕圆筒前进，那么从它开始的那一点起算，它就可以穿越过几千年的时光。不过要造出这么长的圆筒还真是一个巨大的挑战！

瘟疫携带者

疾病和传染在不断地发生变异或改变，因此现在能够防治伤寒发烧的疫苗，穿越回罗马时代就不一定有效了。你也很有可能会把现在的害虫带回古代，把我们的祖先彻底消灭光。

再见，人类

经过几百万年后，在恐龙时代生活的一种像鼠一样的生物进化成了哺乳动物，最后变成了人类。现在，想象一下如果一些笨蛋回到这个时代，彻底消灭掉我们的祖先，将会有怎样的后果。你也许已经猜到了——没有鼠，也没有人类。

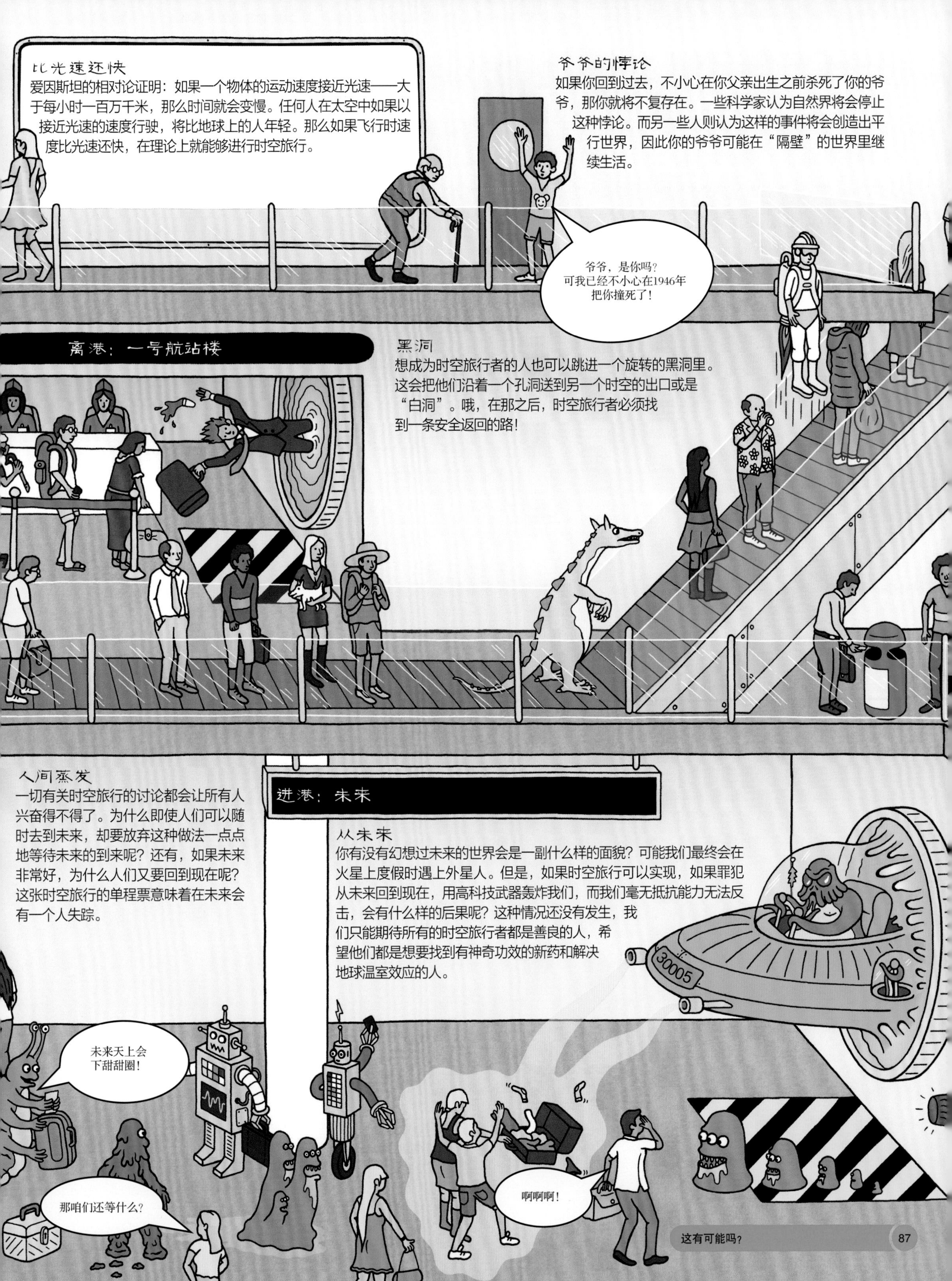

比光速还快
爱因斯坦的相对论证明：如果一个物体的运动速度接近光速——大于每小时一百万千米，那么时间就会变慢。任何人在太空中如果以接近光速的速度行驶，将比地球上的人年轻。那么如果飞行时速度比光速还快，在理论上就能够进行时空旅行。
爷爷的悖论
如果你回到过去，不小心在你父亲出生之前杀死了你的爷爷，那你就将不复存在。一些科学家认为自然界将会停止这种悖论。而另一些人则认为这样的事件将会创造出平行世界，因此你的爷爷可能在“隔壁”的世界里继续生活。
爷爷，是你吗？可我已经不小心在1946年把你撞死了！
离港：一号航站楼
黑洞
想成为时空旅行者的人也可以跳进一个旋转的黑洞里。这会把他们沿着一个孔洞送到另一个时空的出口或是“白洞”。哦，在那之后，时空旅行者必须找到一条安全返回的路！
人间蒸发
一切有关时空旅行的讨论都会让所有人兴奋得不得了。为什么即使人们可以随时去到未来，却要放弃这种做法一点点地等待未来的到来呢？还有，如果未来非常好，为什么人们又要回到现在呢？这张时空旅行的单程票意味着在未来会有一个人失踪。
进港：未来
从未来
你有没有幻想过未来的世界会是一副什么样的面貌？可能我们最终会在火星上度假时遇上外星人。但是，如果时空旅行可以实现，如果罪犯从未来回到现在，用高科技武器轰炸我们，而我们毫无抵抗能力无法反击，会有什么样的后果呢？这种情况还没有发生，我们只能期待所有的时空旅行者都是善良的人，希望他们都是想要找到有神奇功效的新药和解决地球温室效应的人。
30005
未来天上会下甜甜圈！
那咱们还等什么？
啊啊啊！

我们是孤独的吗？

宇宙中还存在别的生命体吗？1961年，美国天文学家弗兰克·德雷克推算出了一个等式，得出了这样的结论：仅仅在银河系里，我们就有可能与10000多种外星文明交流。今天，科学家已经向太空发射了许多卫星，并在地球上架设起巨型的天文望远镜寻找外星生物。但是，它们是不是已经跟我们联系了呢？看看这些人类在地球上接触外星人的故事……你相信吗？

外星绑架事件

1961年，美国的巴尼·希尔和贝蒂·希尔夫妇正行驶在美国的高速路上。他们看见天空中有一个光团，感到很奇怪于是下车查看，但是他们回到家后却什么也想不起来了。接受催眠后，两个人说出了同样的事情经过：他们被长着大眼睛的外星人劫持了，还接受了非常疼痛的身体检查。

特拉维斯·沃顿劫持事件

1975年，在美国的亚利桑那州，沃顿和他的伐木工同事正驾车回家，他们发现路边有个闪闪发光的东西。在他们走过去看究竟发生什么事情的时候，沃顿感觉自己被一道闪电击中了。当他醒来时，发现自己正躺在一艘飞船的桌子上。三个外星人正在用医疗器械检查他的身体。搜救队找不到沃顿的踪迹，但是他在五天后又突然出现了。

澳大利亚外星人

1972年，在澳大利亚的墨尔本，莫琳·珀迪正驾车回家。她吃惊地发现一个飞碟正在天上盘旋。两周之后，她又看见了它。这一次，她的车子熄火了，她还听见了一个超自然的声音。几个月之后，这个声音告诉她去某地见面。于是她就到了那个地方去看看……珀迪变得神志不清，她说一个穿着金色薄片制服的外星人就坐在她的身旁，但她的同伴什么也没听见或看见。

黑衣人
遭遇外星人的事件是非常奇怪的，但是在你知道下面这件事后，你就会觉得那真不算什么——黑衣人（MIB）的到来。这些藏在暗处的人据说会经常造访亲眼见过不明飞行物的人，他们好像要防止消息外泄。1953年，三名黑衣人找到了美国的不明飞行物爱好者阿尔伯特·K·班德，并命令他停止研究。班德向黑衣人组织报告说拜访他们的人不是他们的工作人员，但是黑衣人们却认为这些人是伪装的中情局的特工。
海滩上的外星人
1989年，在西班牙的一个海滩上，一群十几岁的孩子亲眼看见了一对外星人变成人类的过程。这对男性和女性的外星人沿着海滩走，随后消失在了人群中，这时有一个不明飞行物正盘旋在空中。这两个外星人再次出现，孩子们拍到了它们的影像。外星人留下的脚印一直延伸到了海里。
飞碟坠落事件
1989年，苏联的军警发现了一架坠落到地面的不明飞行物，对它进行调查。他们在飞行物里发现了三个蓝绿色的外星人，两个已经死亡，还有一个奄奄一息。它们光滑的皮肤就像爬虫一样，指头之间有蹼，还长了一对黑黑的大眼睛。据说，它们的尸体被送到了一个极机密的军事基地。
摩尔的神秘事件
1987年，菲利浦·斯潘塞正走在英国约克郡的摩尔小镇里。突然他发现了一个小外星人，于是立刻抓起相机拍了下来，然后一路跟着它，后来看到了一个正在迅速升上天空的圆顶飞船。他发现自己口袋里的指南针指的方向完全相反，它正处于极大的能量下。

第四章　恐怖的科学
让我们一起来看看令人恐怖的科学力量，从凶残的生物灾害到让人骨折筋裂的撞车实验，从危险的核泄漏到稀奇古怪、令人费解的数学。让我们来认识认识这些疯疯癫癫的科学家，他们把自己当作试验品。再让我们见识见识这些以科学实验之名创造出来的怪物。小心一点——它有可能会爆炸的！

疯狂的科学家

古往今来，有很多自然科学和医学的重要进步都要归功于一些自愿当作试验品的人。无论是用自己的健康试药的医生，还是拿自己的身体做实验的科学家，他们为了证明自己观点的正确性都挑战了人类的极限。他们是专注科学，还是真的疯了？让他们讲讲自己的故事，是非由你来定。

巴里·马歇尔

所有人都说紧张会引起胃溃疡，但是我认为导致胃溃疡的元凶是一种非常常见的细菌——幽门螺旋杆菌。所以我吞下了整个培养皿的幽门螺旋杆菌，剂量足够大，以至于几天后我就得了胃炎。通过抗生素治疗我很快就恢复了健康。现在我们可以举杯庆祝：我凭借这项发现获得了2005年的诺贝尔医学奖。干杯！

约翰·斯科特·霍尔丹

把自己锁在一间封闭的密室中，吸进致命的气体？那可是毒气！1927年我对各种气体的性质进行试验，主要的办法就是吸进气体，看看我的身体反应如何。那些气体真是臭极了，尽管这些实验的结果是最后我什么臭味也闻不到，但是我发明了一种气体面罩，而且发现了深海潜水员避免“减压病”的方法。

亚历山大·冯·洪堡

作为一名19世纪伟大的自然学家、植物学家、动物学家和艺术家，事实上我有许多发明。我有一个理论，人类可以在机械和化学的共同作用下维持生命。当我研究人类体内是否存在电流的问题时，我就一只手握着海鳗，另一只手里握着金属棒，好让电流通过我的身体时更强一些。好刺激！

詹姆士·杨·辛普森爵士

洪堡，显然你真的很厉害。作为一名19世纪的医生，我知道外科手术对患者来说是十分痛苦的，所以我想要找到一种比较好的麻醉方法。一天晚上当我在家的时候，我和我的一些朋友试着吸进了一些三氯甲烷。第二天我醒过来的时候发现自己躺在一张桌子下面！我发现了一种安全地让病人昏睡过去的方法。这种方法效果如何？1853年，维多利亚女皇正是用这种方法进行的无痛分娩。

圣托里诺·桑托尼奥
这些家伙的发现都很微不足道！在过去30年的每一天里，我都会给自己称体重，并把吃进去的和排泄出来的所有东西都称好质量，我发现了两者之间在数值上存在一定的差距。我推论出人类的身体会持续损耗——这是医学界多么重大的一个发现啊。哼！
瓦尔纳·福斯曼医生
让我们来推心置腹地谈一谈。1929年的时候，我还是一名住院实习医生，我将一根很薄的导管顺着手肘上的血管一路插进了我跳动的心脏——这在当时是不允许的。我得到了一张令人吃惊的X光片作为证据，同时也被医院解雇了。后来研究人员发明了心脏导管，为心脏外科手术带来了便利。
凯文·沃里克
福斯曼医生的故事真是温暖人心。现在轮到我了。在我的左臂神经里植入了一个芯片。是的，我就是一个电子人，我致力于将自己的神经系统与网络相连。我的研究能够帮助医生找到治疗神经系统紊乱的新方法，尽管将芯片植入人体的想法令某些科学家有点……紧张。

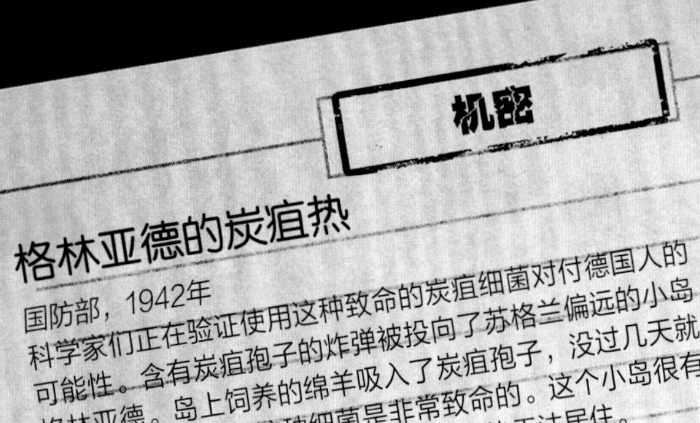

格林亚德的炭疽热

国防部，1942年

科学家们正在验证使用这种致命的炭疽细菌对付德国人的可能性。含有炭疽孢子的炸弹被投向了苏格兰偏远的小岛格林亚德。岛上饲养的绵羊吸入了炭疽孢子，没过几天就死亡了，事实证明这种细菌是非常致命的。这个小岛很有可能在很多年内都会受到炭疽病菌的感染无法居住。

最高
机密

1990年格林亚德终于摆脱了炭疽孢子的阴影。

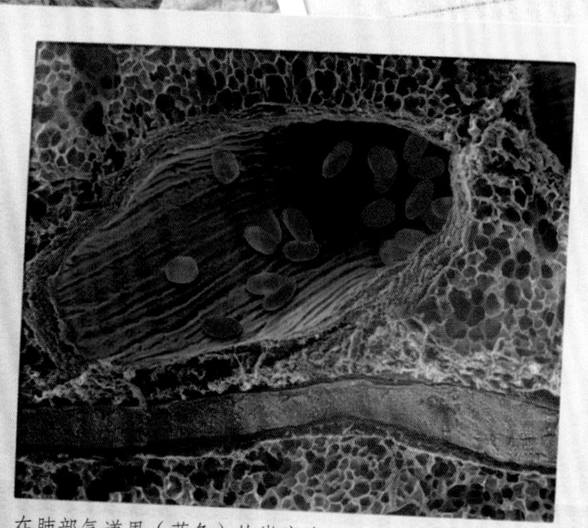

在肺部气道里（蓝色）的炭疽孢子（紫色）。

1945年7月，在新墨西哥州第一次投放的原子弹爆炸产生的蘑菇云。

备忘：曼哈顿计划

Y基地，1945年

现在我终于可以告诉你自从第二次世界大战开始以来，这里究竟发生了些什么。我们的基地在新墨西哥州的洛斯阿拉莫斯，自从1942年以来，我们这些来自美国各地的科学家汇聚在这里，一直都在极其机密的环境中工作。我们唯一的任务就是发明原子弹——一种威力无比巨大的武器，它可以从原子中释放巨大能量，并造成毁灭性的破坏……到了8月，我们就要把它投向日本，迫使这个国家投降。

这份文件仅供你过目，请不要提及我的姓名。

最高机密

躲避公众的视线，远离对手的窥探，多年以来秘密实验室已经做了许多实验。从发明出威力更加巨大的武器，到通过难以描述的方法除掉恐怖分子，这些国家秘密一直都不为人知……今天我要为你揭开它神秘的面纱。

毒药后遗症

伦敦，1978年9月11日

备受争议的保加利亚作家乔治艾·马尔科夫（右图）遭到了暗杀。1939年到1953年间，由秘密特工组织头目拉夫连季·贝利亚带领的团队发明了杀人不留痕迹的方法，其中就包括在雨伞尖上安装一个含有致命的蓖麻毒素的小丸。保加利亚特工用这种方法杀死了马尔科夫。马尔科夫在伦敦的滑铁卢桥上被人捅了一下，四天后就不幸去世了。

有毒的笔

车臣，2002

谋杀拉夫连季·贝利亚的毒药至今仍然有人使用。有人用有毒的钢笔给车臣反叛领袖奥马尔·伊本·哈塔卜写了一封信，他读了这封信后不久就暴毙身亡。

官方认为这张照片是假的，但是一些人坚持这是在罗斯威尔事件后发现的一名受到重伤的外星人。

仅供过目

..... / ..... / ....

第51区

美国内华达州，2010

我正在美国最为机密的空军基地的隔离网外仓促地给你写下这封信，保安人员正要跑过来驱赶我离开。人们都认为这里正在进行新型飞行器的实验，但我仍然认为这只是一种掩护。他们对1947年发生在罗斯威尔的撞机事件无法给出更好的解释，只说那是“一个气象气球”，这件事非常可疑。我和其他人一样都认为那是一艘外星飞船，而且这张照片就是最好的证据。你是怎么想的？他们是在讲述事实，还是另有隐情？

以科学的名义

科学家们经常通过实验来证明他们的理论究竟是正确还是错误的，但是一些科学家把这些实验做到了极致。今天，仅此一天，我们会参观以科学为名实施的8个最为奇怪的实验。

警告：小读者们请勿模仿！

起死回生

让死去的生物重新复活是美国研究者罗伯特·科尼什的研究课题。1934年，他用药物和一种跷跷板恢复血液的流动，成功地让一只名叫拉扎勒斯的死狗复活了。但当他想要在一个死囚身上进行这种实验的时候，他发现自己找错了对象。

蜘蛛网设计师

蜘蛛天生就能织出漂亮的网捕获昆虫。1948年，德国科学家彼得·威特发现如果给蜘蛛施以一定的药物，它们就能织出超常的网。从此，他耗费了一生的精力实验各种药物作用于蜘蛛后会如何改变它们对蜘蛛网的设计。

面部表情

1942年，美国物理学家卡尼·兰迪斯想要了解诸如恶心、震惊和快乐这些情绪是否能让不同的人做出相同的表情。他让志愿者经历不同的情景，甚至让他们砍下一只还活蹦乱跳的老鼠的头，用相机记录下他们的表情。

星际之门计划

有透视能力的人能在很远的距离之外窃取外国政府的秘密吗？那正是美国中央情报局（CIA）想要了解的。星际之门计划花费了25年，耗资2000万美元，最后却毫无收获，只能以失败告终。

长期休息

在没有真正进入太空的情况下，你如何测试长时间的太空旅行会对人类的身体造成什么后果？1986年，苏联的研究人员让11名男性志愿者躺在床上，在失重的环境下生活了370天。除了躺在床上做了一些运动，实验结果显示，他们都出现了肌肉萎缩、骨量减轻的现象，并感到厌倦和压力。

黑色的呕吐物

1804年，美国医生斯塔宾斯·费茨为了证明自己的观点——致命的黄热病并不传染，做了一个令人作呕的实验。他把一个黄热病患者的血腥的黑色呕吐物喝下了肚子，并涂在他的眼睛里。然而他并没有感染上黄热病，所以他认为自己的观点是正确的。不过现在我们知道了，黄热病是通过蚊子传播的。

小狗还是机器狗？

2003年，研究人员希望了解活生生的小狗会不会接纳机器狗，把它当作自己的同类。尽管小狗们对机器狗又闻又叫，但是它们对它的反应要比真狗温和得多。

服从权威

1963年，美国心理学家斯坦利·米尔格拉姆猜想：如果权威人物发令，人们可能会遵守并实施暴行，于是他决定做一个相关的实验。令人吃惊的是，65%接收实验的人同意对隔壁房间一个素未谋面的人实施死亡电击。

爆炸是一种积蓄了能量的物质，它在一瞬间爆炸，涌出强烈的气流，闪着耀眼的光，散发出灼热的温度。世界上主要有两种爆炸：一种是爆炸力较低、扩散比较缓慢的，例如火药，人们用它作为推进剂（比如将子弹从手枪里发射出来）；而爆炸性强的火药会在瞬间扩散开来，造成破坏性的冲击波。

灾难的处方

在9世纪的某一天，中国人发明了火药。他们把燃料（含碳量很高的木炭）和稳定剂（硫磺）混合在一起保持它的稳定，用氧化剂（硝酸钾）来引起化学反应。当它被点燃时，就会发出“砰”的一声巨响！

炸掉蚂蚁

用来制作火药的木炭是烧过的树木，而硫磺则来自地底的矿藏，但是收集最后一种配料硝酸钾却是一项非常讨厌的工作。放置一段时间的动物粪便会慢慢变白，然后硝酸盐的结晶会被漂洗掉。火药一开始可能是被当作驱虫剂，用来熏出入侵的蚂蚁。但是，在那之后不久，它作为武器的潜力就被人们充分地挖掘了出来。

安全的导火线

在10世纪的时候，中国人发明出了一种可以推迟引燃火药的导火线。一名英国的制革工人威廉·比克福德对此进行改进，在1831年发明了现代导火线。在看到一位朋友如何制作绳索后，他将一些火药粉末捻进搓起来的绳子里，轰！——现代导火线就此诞生，这使得矿工能够在相对安全的距离点燃炸药。

爆炸性的发现

意大利的化学家阿斯卡尼奥·苏布瑞罗在1847年发现了一种非常不稳定的易爆液体硝化甘油。随后，在19世纪60年代，瑞典企业家阿尔弗雷德·诺贝尔将较为稳定的固体硝化甘油和碳化钠以及一种减震粉剂混合制成了炸药。后来这种大规模破坏性武器的创造者设立了诺贝尔和平奖。

点“坝”成“钻”

炸药通常装在纸包里，它在工业中是一种非常常用的东西。人们用它来炸开重要的矿藏，比如钢铁、铜、银、金，还利用它来开拓交通系统，比如公路和隧道，炸药在这里的用途主要是炸开岩石。其他大型的建设项目，如水坝、运河同样也要依靠它强大的清道功能。连价值连城的南非钻石的开采也是它的功劳。

TNT

1863年，德国科学家约瑟夫·威尔布兰德发现了TNT（三硝基甲苯）——一种黄色的化学易燃物，它要比硝化甘油稳定得多。TNT可以被溶解并灌进硬壳内，这使它在武器制造领域大有可为。凡是沾上它的人都会被染上颜色，在第一次世界大战期间用TNT制造武器的工人们被称为“金丝雀”，因为TNT把他们的皮肤都染成了亮黄色。

生物灾害展览

欢迎参观生物灾害展览。请随便看看，了解一下世界上最讨厌的生物灾害——致病的细菌和病毒。它们可以被分为四个等级，这是凭它们的危险程度来区分的。今天我们要为大家展示的是第三级（左页）和第四级（右页）的细菌和病毒。它们都是极其危险的，所以你一定要先穿好有害物质防护服。

黄热病

这张清晰的图片就是引发非洲及南美较热地区黄热病的病毒（绿色）。黄热病由蚊子传播，会引起流汗、恶心的症状，严重的会发生肝脏损伤和内出血。非常幸运，我们现在已经研制出疫苗来对付它。

肺结核

第一个展出的是引起肺结核（TB）的细菌——在抗生素发明之前它是一种致命的细菌。当有人打喷嚏、咳嗽或吐痰时，这些细菌就在人与人之间传播。肺结核在大多数情况下感染肺部，会引起持续性的咳嗽、流汗、体重减轻，最终还会导致死亡。令人担忧的是，近来这种疾病又有抬头的趋势。

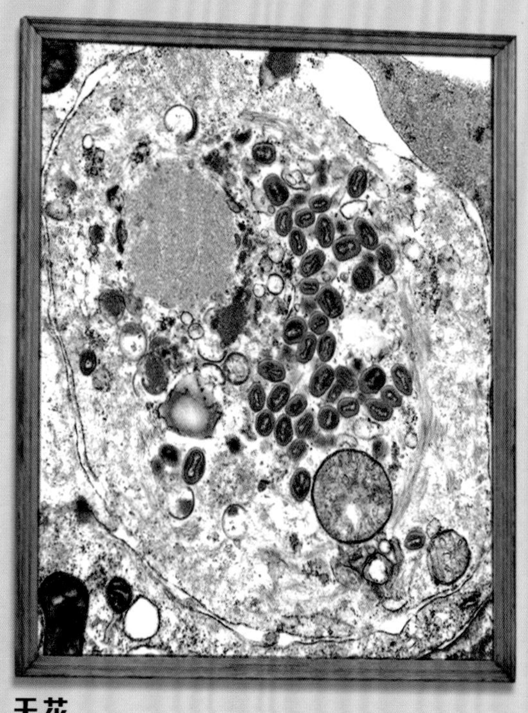

天花

这是一种很少见的病毒（红色），通过疫苗人类已经在全世界范围内把它消灭了，只有几个实验室为了研究保存了这种病毒的样本。在早期，天花是一种破坏力强、经常造成死亡的疾病，它会让被感染的人起很多水泡，容貌尽毁。

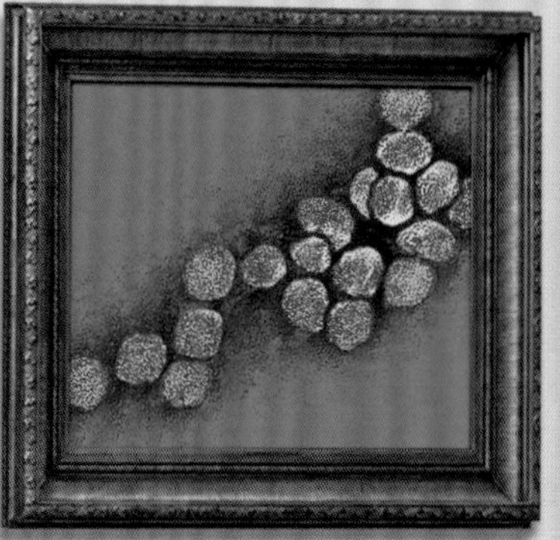

西尼罗河脑炎病毒

快来看看这种不断移动的病毒。一开始，人们是在非洲发现了它，但自从1999年以来，它已经传遍了整个美国。蚊子在叮咬受它传染的鸟类后，再去叮咬人类，这样疾病就传播开来了。大多数被传染的人都会出现头疼、高烧的症状，还有一些人会得上脑炎。

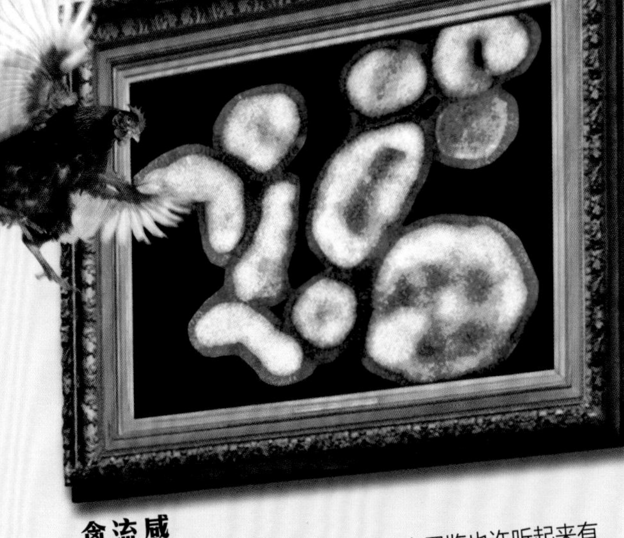

登革热

在第四级的展览厅里我们要向大家介绍另外一个典型的热带疾病。人们在100多个国家发现了这种疾病的踪迹，登革出血热是由一种在白天吸血的蚊子携带的病毒（黄色）传播的。一旦被感染，患者会出现头疼，还有肌肉、关节疼痛，严重时还会出现休克的情况。

禽流感

将一个传染鸟类的流感列入生物灾害展览也许听起来有点奇怪。但是，这种禽流感有时会导致对人类来说非常危险，甚至是致命的流感。更为严重的是这种病毒对于处理被感染的家禽的人类来说更具传染性，并且能够在全球范围内传播。

马尔堡病（青猴病）

在第四级中最致命的一种病毒是以德国的马尔堡小镇命名的。1967年，在这个小镇上，实验人员从非洲的猴子身上提取出了这种致命的病毒。它能通过受感染的血液、粪便、唾液或呕吐物传播，并能引起严重的内出血，常常会造成病患死亡。

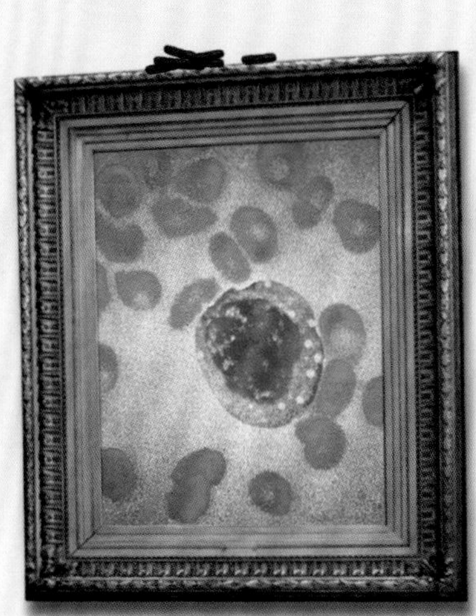

汉坦病毒

这种病毒与啮齿类动物有很密切的关系。凡是不幸感染上这种汉坦病毒的人，大多是吸进了受感染老鼠的干燥粪便中的微粒。这种病毒会让肺部的血管出现漏洞，引起严重的呼吸困难，甚至是死亡。

第四级：

所有动物严禁入内

有害物质防护服

你可能觉得穿上有害物质防护服很不舒服，但是它会给你最周全的保护。它配备有独立的空气供给系统和双向的无线电设备，它能够把你的身体完全封闭，并与生物灾害隔离开来。

弗兰肯斯坦的宠物

欢迎来店里看看。我是弗兰肯斯坦博士创造的怪物，一个人造产物。从这种意义上来说，我跟今天在这里的这些宠物差不多，它们都是从我们的实验室里新下线的产品。它们之中有一些是特别培育出来的，有一些是通过改变基因而成的，而耳朵老鼠则完全是拼凑而成的！它们看起来可能有点奇怪，但是请你发发善心。它们为科学实验做出了那么大的牺牲，应该得到你的悉心照料。

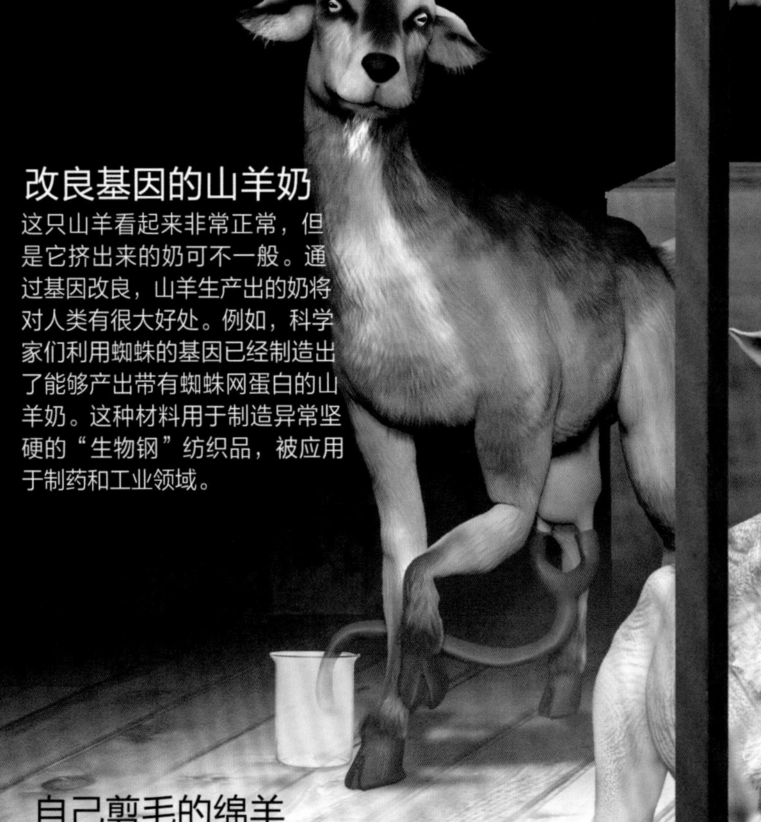

改良基因的山羊奶

这只山羊看起来非常正常，但是它挤出来的奶可不一般。通过基因改良，山羊生产出的奶将对人类有很大好处。例如，科学家们利用蜘蛛的基因已经制造出了能够产出带有蜘蛛网蛋白的山羊奶。这种材料用于制造异常坚硬的“生物钢”纺织品，被应用于制药和工业领域。

耳朵老鼠

这只老鼠并没有听力超强的千里耳。培育它的目的就是为了研究在实验室是否能制造出人类的器官。科学家做了一个耳朵形状的支架，连同人类软组织细胞一并种在了老鼠身上，这样它的血液就能培育这个新器官了。

自己剪毛的绵羊

它身上看起来有点破破烂烂的，但是这种能够自己剪毛的绵羊将成为未来绵羊的发展趋势。以前的剪羊毛工人要在春天剪掉绵羊冬天长出的羊毛，而新品种绵羊的羊毛将会自动脱落。这对农场主来说真是一个好主意！这是将本地母羊和自动脱毛的公羊杂交哺育的结果。

商店

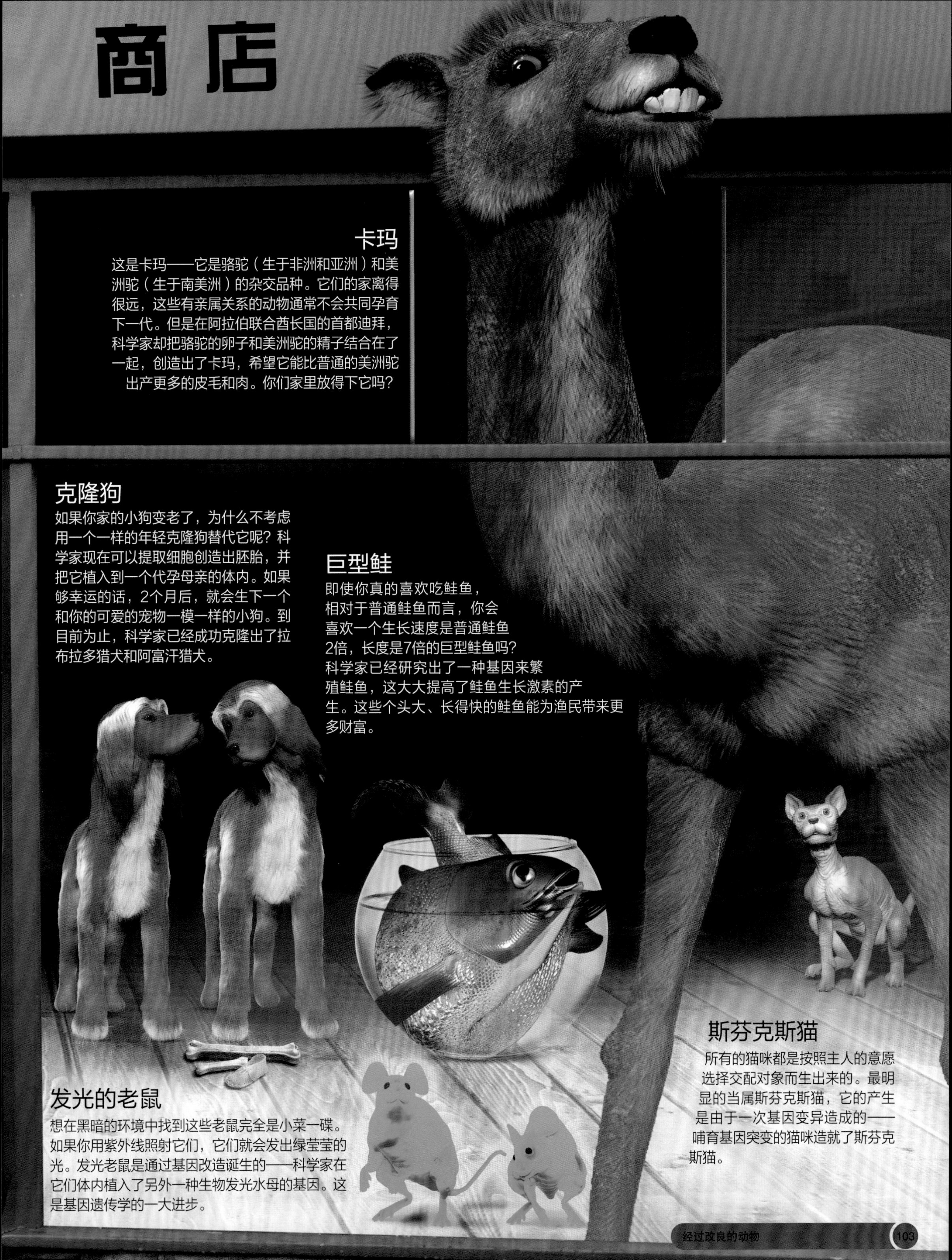

卡玛

这是卡玛——它是骆驼（生于非洲和亚洲）和美洲驼（生于南美洲）的杂交品种。它们的家离得很远，这些有亲属关系的动物通常不会共同孕育下一代。但是在阿拉伯联合酋长国的首都迪拜，科学家却把骆驼的卵子和美洲驼的精子结合在了一起，创造出了卡玛，希望它能比普通的美洲驼出产更多的皮毛和肉。你们家里放得下它吗？

克隆狗

如果你家的小狗变老了，为什么不考虑用一个一样的年轻克隆狗替代它呢？科学家现在可以提取细胞创造出胚胎，并把它植入到一个代孕母亲的体内。如果够幸运的话，2个月后，就会生下一个和你的可爱的宠物一模一样的小狗。到目前为止，科学家已经成功克隆出了拉布拉多猎犬和阿富汗猎犬。

巨型鲑

即使你真的喜欢吃鲑鱼，相对于普通鲑鱼而言，你会喜欢一个生长速度是普通鲑鱼2倍，长度是7倍的巨型鲑鱼吗？科学家已经研究出了一种基因来繁殖鲑鱼，这大大提高了鲑鱼生长激素的产生。这些个头大、长得快的鲑鱼能为渔民带来更多财富。

斯芬克斯猫

所有的猫咪都是按照主人的意愿选择交配对象而生出来的。最明显的当属斯芬克斯猫，它的产生是由于一次基因变异造成的——哺育基因突变的猫咪造就了斯芬克斯猫。

发光的老鼠

想在黑暗的环境中找到这些老鼠完全是小菜一碟。如果你用紫外线照射它们，它们就会发出绿莹莹的光。发光老鼠是通过基因改造诞生的——科学家在它们体内植入了另外一种生物发光水母的基因。这是基因遗传学的一大进步。

辐射

我们人类对于辐射的所有一切认知都是在近100年来发现的。在剂量足够的情况下，受辐射是人类所知道的最危险的事物之一，但是，通过不断的实验和失败所总结出的经验表明，我们发现小剂量的辐射可以被用于积极的方面，有时甚至能救人性命。

什么是辐射?

大多数的原子都有稳定的核心——原子核里的质子和中子保持等量。但是另外一些，例如铀原子，它的质子和中子数量就不相等。这使得它们变得不稳定并且容易发生衰变。当一个不稳定的原子发生衰变，它就会从自己的核中释放出粒子。这种释放的过程就叫作辐射。

威力强大的粒子

世界上有三种主要的辐射：阿尔法、贝塔和伽马射线。阿尔法射线是最弱的一种，它只能勉强穿透一张比较厚的纸张。贝塔射线相对要强一些，但它也只能穿透一张薄铜片。只有一张厚厚的铅板或是一堵厚水泥墙才能阻挡穿透力最强的辐射——能量极高的伽马射线。

发现辐射

法国科学家安托万·亨利·贝克勒尔在1896年的一次实验中偶然发现了辐射，那时他发现铀盐能够发射出穿透黑色纸张的射线。玛丽·居里和她的丈夫皮埃尔也在贝克勒尔的实验室工作，他们在1897年重复了贝克勒尔的实验，并将这种现象命名为“辐射”。居里夫妇将一生都献给了辐射的研究，1903年，这三名科学家共同获得了诺贝尔物理奖。

闪着健康的光?

在20世纪早期，人们还没有意识到暴露在辐射中会损坏人的组织并引起基因突变。小剂量的辐射物质，尤其是铀，被添加进各种产品，因为人们认为它对治疗小病有神奇的功效。含有辐射物质的饮用水、牙膏、面霜、浴盐和药品都被陈列在药房的货架上。

埃本·拜尔

埃本·拜尔（1880—1932）的不幸终结了人们对辐射产品的疯狂追求。拜尔是一名美国商人和开朗的高尔夫球选手，他的医生建议他喝一些含有微量铀的饮用水，帮助治疗他的手伤。他每天喝两到三瓶这样的水，几个月过去后，铀开始在他的骨头、骨髓甚至是脑内沉淀。没过两年，他就去世了。他的尸体被安放在一个铅铸的棺材里，以防止墓园的土地被污染。

每天暴露在辐射环境中

在现代世界中，我们每天都会接触到微量的辐射。如果你住得离发电厂很近，乘坐喷气式飞机，戴荧光表，或是做了X光检查，你都受到了辐射。但是我们现在知道何种剂量的辐射是安全的，所以人们大可不必担心会像埃本·拜尔一样死去。

辐射的积极应用

今天，治疗癌症的药物主要都是用辐射物质制成的，让病人吞服小的辐射粒子然后跟踪它在人体内的活动路径是非常重要的医疗诊断手段。飞机安检中的X光检查可以确保飞行中没有恐怖分子持枪行凶，而可以保障家庭的安全的烟雾探测器，也会使用微量的辐射物质。

最危险的等式

1905年12月31日

亲爱的日记：

对我阿尔伯特•爱因斯坦来说，今年真是意义非凡。反复缠绕在我脑海里的一些问题终于有了一个圆满的解答。现在，我已经有了第一个等式的草稿……

$$E=MC^2$$

能量

c光速的平方

（例如，光速乘以光速）

质量（例如，任何人身体的质量）

让我来解释一下。几个世纪以来，科学家们都认为能量和质量之间毫无关系。但我是这么看的，如果它们是一体的，而且相同会如何呢？质量可以转化成能量，反之亦然。

为了要知道能量的大小，我就用我特别的等式，将质量乘以光速的平方。光速的数值非常大，当它平方后，能量就大得让人难以置信。所以，我的等式表明即使是一个微小的原子大小的质量也能释放出绝对巨大的能量。这只是我的一个推断，我亲爱的日记，我觉得我应当得到一个大大的夸奖。

但是今晚，已经是今年的最后一天了。我的等式对未来意味着什么呢？现在正是工业时代最辉煌的年代，但我们仍然需要利用更多的能源。在将来的某一天，我们是不是能将沉睡在质量中的能量释放出来造福世界呢？再见，我的日记。

1911年

亲爱的日记，我可没忘了你。在过去的6年里我一直非常忙碌，而且我有好多令人吃惊的新发现要好好琢磨。今年，在剑桥大学与我共事的杰出的科学家欧内斯特•卢瑟福提出了这样的观点：一颗原子有一个正荷硬核，里面包含它自身几乎全部的质量（希望你忘记我等式里面的质量），而小小的一团质量很轻的负荷电子会绕着这个硬核的轨道旋转。这是个很聪明的想法。

1932年

亲爱的日记，我的老朋友，你是否能原谅我这么长时间都没来看你？因为我度过了一段激动人心的时光。卢瑟福的同事詹姆斯•查德威克发现了核（当时原子核的名称）里含有不含电荷的粒子，他管它们叫中子。

原子核

电子

1933年

我的日记！我们就快有重大发现了……匈牙利的物理学家里奥•齐拉德在等红灯时突然灵光乍现：如果原子核含有质量，那么如果把它分裂开以后能不能从里面得到能量呢？如果可以，当我们有一定数量的原子，那么原子核释放的能量会形成一个连锁反应（我们把这个过程叫作核子分裂），会不会有巨大的具有毁灭性的能量被释放出来……？那真的会让所有的车子全停下来！

1939年

哦，我亲爱的日记，齐拉德就在我的身边。一些德国的科学家去年也做了关于核子裂变的实验（他们轰击了一个带有中子的铀原子直到原子产生分裂），然后，正如他所预料的，巨大的能量通过爆炸释放了出来。齐拉德正在给美国总统罗斯福写一封信，向他解释核弹（它以核命名）的威力将有多么巨大。他想让我在信上签字，因为这个观点值得并且需要得到人们的关注（最近我可是个大人物，因为我得到了诺贝尔物理奖，所以我有这份责任）。我希望总统先生听从这个劝告。不过这只是我的一个等式罢了，我并没觉得它和危险的事情有什么关系。

富兰克林·D·罗斯福 总统
白宫 华盛顿特区
美利坚合众国

危险的旅程

你想要翱翔于天际或是前往茫茫大海吗？也许现在是时候把安全的陆地抛在身后，上天下海去冒险了。想象第一位飞行员在追求人类飞翔的梦想时所经受的危险吧，再想想他向未知的、遥远的海域进发时遭遇的艰难险阻吧。学学如何做一名飞行员，如何让你的船只浮起来吧。

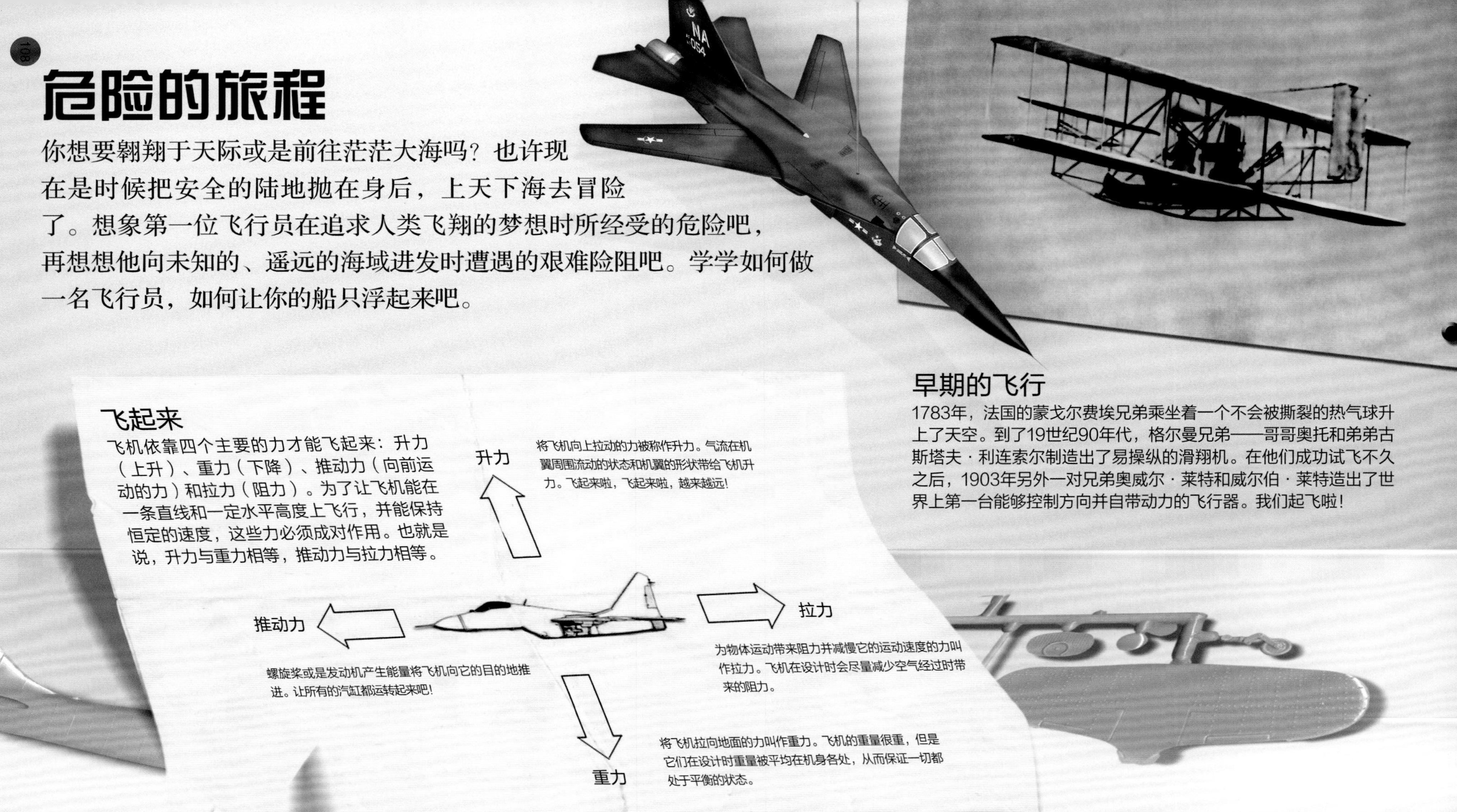

飞起来

飞机依靠四个主要的力才能飞起来：升力（上升）、重力（下降）、推动力（向前运动的力）和拉力（阻力）。为了让飞机能在一条直线和一定水平高度上飞行，并能保持恒定的速度，这些力必须成对作用。也就是说，升力与重力相等，推动力与拉力相等。

早期的飞行

1783年，法国的蒙戈尔费埃兄弟乘坐着一个不会被撕裂的热气球升上了天空。到了19世纪90年代，格尔曼兄弟——哥哥奥托和弟弟古斯塔夫·利连索尔制造出了易操纵的滑翔机。在他们成功试飞不久之后，1903年另外一对兄弟奥威尔·莱特和威尔伯·莱特造出了世界上第一台能够控制方向并自带动力的飞行器。我们起飞啦！

飞机失事

如果飞机出现故障会发生什么样的情形？谢天谢地，大多数的飞机失事并不会引发致命的结果。比如，从1980年到2000年，美国共发生了568起飞机失事事故，其中90%的乘客和机组人员都生还了。而且，在飞机失事时，坐在机舱尾部的乘客的生还机会要比坐在机舱前部的乘客高出40%。

海上导航

船的历史十分之远，而航海作为一门科学也已经有5000多年的历史了。星盘（一种用于海上导航的仪器，它能指出某些时间内恒星和行星的具体位置）在公元前800年左右的伊斯兰国家得到了长足的发展。大约在200年以后，中国人开始使用一种磁性指针——指南针导航。到了大航海时代结束的时候，也就是17世纪早期，造船业已经非常发达，领航员也积累了足够的经验可以到世界任何地方航行了。

漂在水上

让船漂在水上主要也是依靠两组力：浮力（向上推）和重力（向下拉），推进力（向前进）和拉力（阻力）。在水中，如果船能够取代与它质量相当的一部分水就能够浮起来：如果一艘船的质量是1000千克，那么如果它取代了大于1000千克的水就会沉没。船只的平均密度要比水的密度小，因此即使当船只取代了等量的水也很少会发生沉没的现象。

船只残骸

是什么导致船只沉没呢？水显然是原因之一——巨浪能够将舰船击碎，水就会进入船体。暴风雨会将船只抛向礁石，而导航错误会导致撞船事故的发生，进而让水灌进船体内。把漏洞全都堵上，努力让进来的水少于舀出去的水，不然你很快就会沉底的。

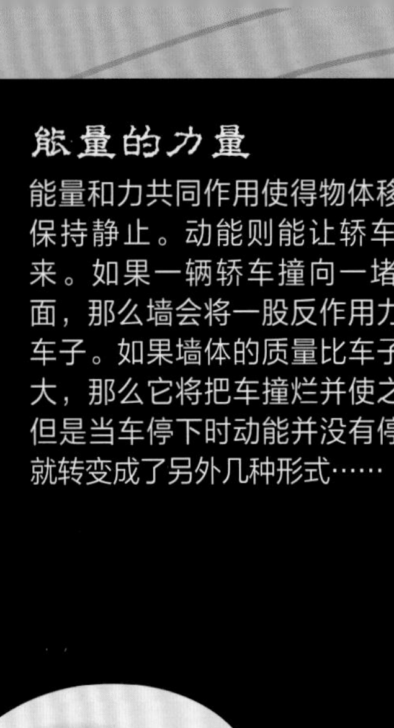

能量的力量

能量和力共同作用使得物体移动或者保持静止。动能则能让轿车运动起来。如果一辆轿车撞向一堵水泥墙面，那么墙会将一股反作用力作用于车子。如果墙体的质量比车子的质量大，那么它将把车撞烂并使之停下。但是当车停下时动能并没有停止，它就转变成了另外几种形式……

撞车发生时，向前驱动汽车的动能转变成热能释放出来。想象一下你突然刹车时，自行车的车闸会承受多热的温度。

墙“撞”向车产生的力与车撞墙产生的力是相等的，两个力将车停了下来。车辆在撞击一个静止的物体时，速度在一秒钟之内就降到了零。

车辆撞击时，车体的一些部分产生了弯曲和挤压，这消耗了部分动能，更多的能量用于制造撞击时发出的巨大声音。

撞击课程

早上好，同学们。今天我们要讲讲车辆如何承受撞击并保障乘客的安全。自人类有史以来第一起车祸发生到今天已经有100多年了，从那时开始，已经有2000万人死于与车辆有关的事故。作为一名撞车实验的人体模型，我对所有车祸都有所了解。系好安全带，我们启程吧！

撞击缓冲区

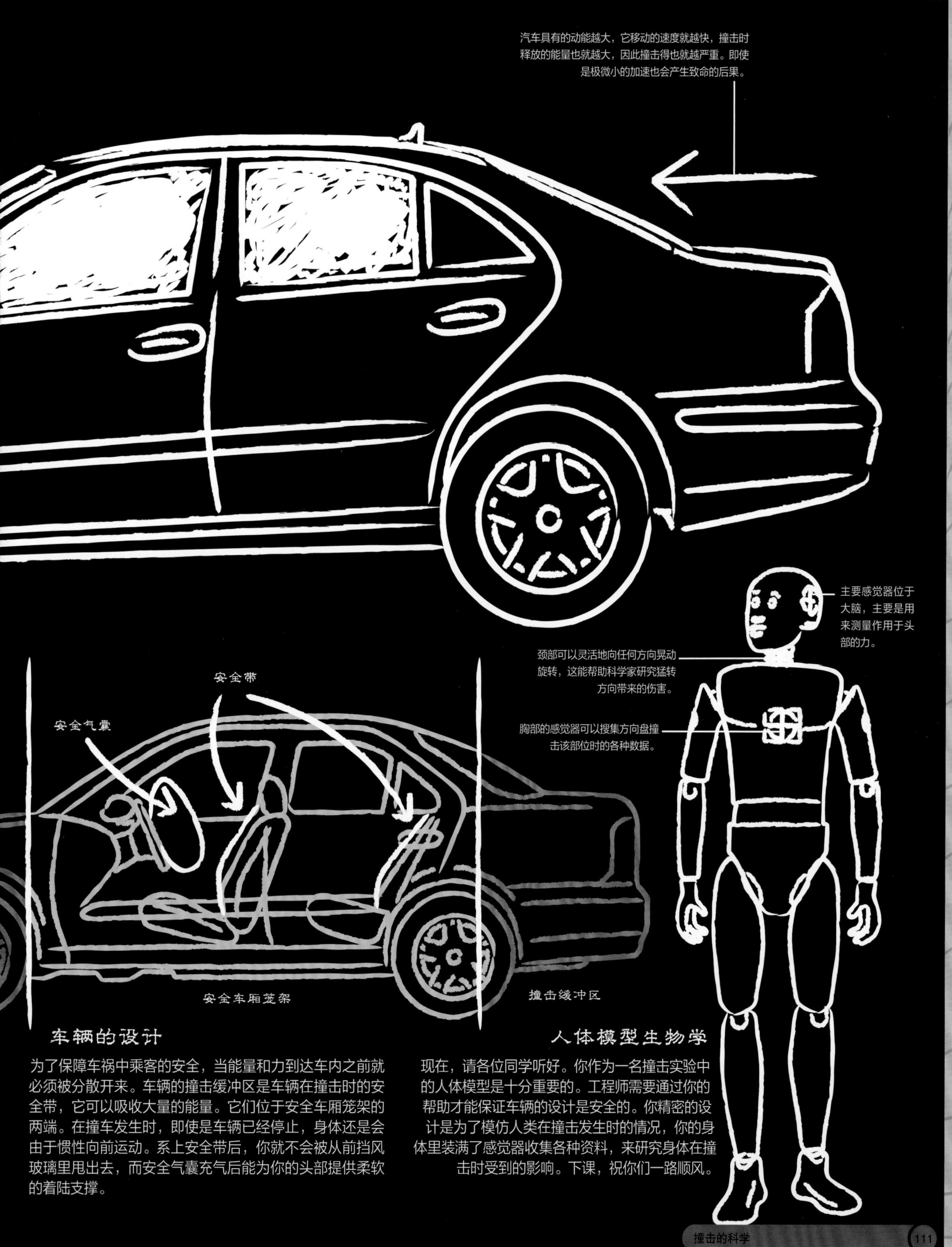

车辆的设计

为了保障车祸中乘客的安全，当能量和力到达车内之前就必须被分散开来。车辆的撞击缓冲区是车辆在撞击时的安全带，它可以吸收大量的能量。它们位于安全车厢笼架的两端。在撞车发生时，即使是车辆已经停止，身体还是会由于惯性向前运动。系上安全带后，你就不会被从前挡风玻璃里甩出去，而安全气囊充气后能为你的头部提供柔软的着陆支撑。

人体模型生物学

现在，请各位同学听好。你作为一名撞击实验中的人体模型是十分重要的。工程师需要通过你的帮助才能保证车辆的设计是安全的。你精密的设计是为了模仿人类在撞击发生时的情况，你的身体里装满了感觉器收集各种资料，来研究身体在撞击时受到的影响。下课，祝你们一路顺风。

约翰·保罗·斯坦伯

机长

地球上速度最快的人的真实历险

1946年，一架美国空军的B-17轰炸机正飞向高空穿越冰冷的平流层。

但是，第二次世界大战已经结束了，它的真正使命是什么呢？

轰炸机已经攀升到13216米，这是一个史无前例的高度，同时也非常危险。在上升到3000米的高度后，人的大脑就会开始缺氧，身体机能和脑力都会迅速下降。在这一高度上，人们真正面对的是死亡的挑战。那么他们为什么要飞这么高呢？

我们来见见约翰·保罗·斯坦伯机长，他是一名医生，同时也是空军医疗实验研究团队的核心成员之一。他正在做人类对极高海拔的反应实验。那么他的实验对象是谁？就是他自己。

斯坦伯针对人类忍耐力的极限做了各项实验。人们在极限高海拔时如何保持所有身体机能运转正常，同时还能防止冻伤和脱水呢？他们如何避免屈肢症（一种由于在血管里形成小气泡而导致的低压症）呢？斯坦伯有了一种预感。

我也许已经解决了这个难题。
在飞机起飞之前我把氧气面罩戴在脸上30分钟，现在怎么样？我什么不舒服的感觉都没有。

我很好。咱们返回地面吧，孩子们。

斯坦伯的发现是航空史上的一个重要里程碑，也是空军医疗实验室的一项功绩。

斯坦伯，我们要给你新的任命，负责这里一项重要的事务：人体减速项目。

我们需要知道人体究竟能承受多大的重力加速度，你正是合适的人选。你怎么想？

是，少校。

重力加速度是重力作用于身体将它向下拉向地球的力，或是加速、减速造成的力。当时的人们认为没有人能承受大于18倍的重力加速度，建造飞机的驾驶室就是要克服这个缺点。但是在战争期间仍有飞行员在大量严重的撞机事件中丧生，斯坦伯的使命就是帮助人们了解它究竟有多严重。

1947年的春天，斯坦伯第一次见到为人类减速计划建造的这个巨大的610米长的火箭滑轨。在滑轨上有一架680千克的火箭推进器发出隆隆的声音……这时有人点击了制动系统。火箭的制动系统威力巨大，能够让火箭在0.2秒钟的停下来，产生重力加速度。

4月30日，实验团队第一次在“哎呀”（人们给火箭滑轨起的昵称）进行无人实验。撞击实验人体模型老实人奥斯卡已经被放在座位上。

这次实验是一场灾难，制动系统失灵了，推进器飞出了滑轨冲进了沙漠里。

12月，在完成35次实验后，斯坦伯和他的团队确信可以进行一次人体实验了，斯坦伯代替老实人奥斯卡坐上了滑轨。他面冲后减低重力加速度，而滑橇上只安装了一个火箭推进器。

墨菲，你知道我们的老说法……所有事，只要有出现问题的趋势就会发生问题。但是这次不会。

第一次滑行还是比较顺利的，斯坦伯没有出现任何不适。第二天，他决定增加更多的火箭推进器。

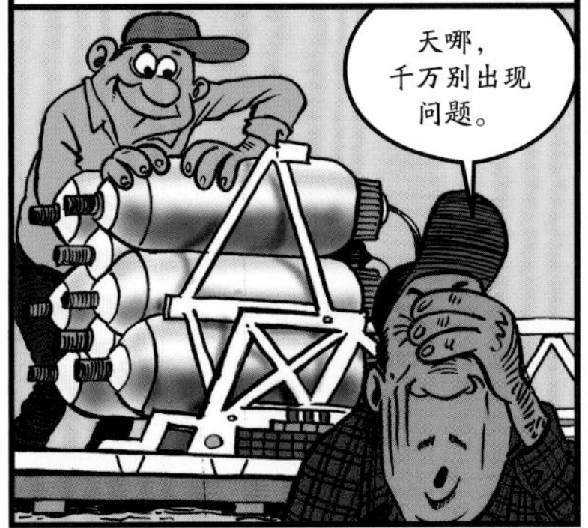

斯坦伯继续做实验，每次他都会变换制动或是增加火箭推进器的数量，这样他就可以体验不同的重力加速度。到了1948年的8月，他已经做了16次实验，他所能承受的重力加速度也上升到了35倍……相当于一辆车全速冲向砖墙产生的撞击力度。

尽管他从没有在实验中失去知觉，但是他的身体在实验中受到了严重的撞击。他断了几根肋骨，还有无数次的脑震荡，掉了几颗牙齿，手腕也骨折了好几次。

斯坦伯在减速实验面冲后时，受到了强大的重力加速度，血液从他的眼球里涌出冲进他的头部后端。当他面冲前的时候，视网膜又会出血，久而久之视线就会变模糊……尽管如此，他依然坚持进行实验。

尽管一次又一次地经历肋骨被折断、视网膜充血的实验，斯坦伯却收集了越来越多的数据。那么这些辛苦劳动得到回报了吗？

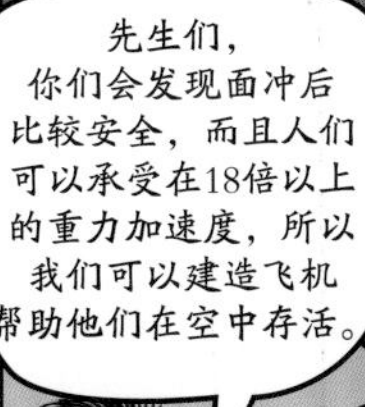

军队最后做出了回应，他们加强了驾驶室并将飞机上的座椅朝后放置。斯坦伯和他的团队继续他们的实验。有时斯坦伯还是独自一人进行实验。

多亏了这位“世界上最快的人”进行的飞行实验，工程师才能在航空安全设备上取得长足的进步。

1966年，美国总统林登·约翰逊颁布了一项法令，要求全美的汽车强制安装安全带，这也要感谢约翰·保罗·斯坦伯的不懈努力。系上安全带，注意行车安全！安全带拯救了成千上万的生命。

斯坦伯将他的一生都献给了安全测试——第一是安全，第二还是安全！以及研究当故障撞击发生时会有什么样的后果，因为墨菲定律说，事情如果有变坏的可能，它总会发生……但是对于他，以及我们大家，事情并没有变糟。

第五章　人体内的恐怖事件
世界上充满了各种各样的凶残的虫子，它们时刻准备着进攻你的身体。从你指甲里的病原体到你床铺上的寄生虫，它们无处不在。但是，我们的身体才不会被这些用显微镜才能看见的小怪物轻易打败。就让我们从这里了解生命是如何在生物战场上打赢每场战役的。

恐怖的手部细菌

手和手指在拿东西的时候确实非常有用，然而它们在拿东西的同时也碰到了致病的细菌和病毒。这些入侵者将你的手掌变成了它们的游乐场，并和原住那里的无害细菌搅和在一起。

鼻病毒

这个病毒会引发感冒。如果感染者对着某物打了个喷嚏留下了一点黏液，或是你触摸了那个物体之后，你就沾染到了这个病毒。如果你之后又摸了鼻子和嘴巴，那感冒也离你不远了。

流感病毒

如果你接触到了这种病毒，那就会很快产生发热、肌肉疼痛、嗓子痛、头痛等症状。在接触了污染面，然后又触摸了你的嘴巴或鼻子后，那你很可能最后就真的要倒霉遭殃了。

沙门氏菌

沙门氏菌是种很讨厌的细菌，尤其会隐藏在生鸡肉中。如果你的双手或备好的餐食表面沾上它，它就会污染你的食物，引起胃痉挛并会不停地腹泻，很可怕。

诺如病毒

这种病毒是引发严重肠胃不适的普遍原因。诺如病毒以野火燎原之势在人与人之间传播。如果你上厕所之前，刚有个感染者在这个厕所呕吐或腹泻，之后你又没有洗手，你就会是下一个。

人类乳头瘤病毒

这种小生物会进入皮肤内，并进行细胞繁殖。引发的后果就是在皮肤上长了个脓包，形状类似于迷你型的菜花。这也就是我们通常所知道的疣。谁还想和你握手啊?

葡萄球菌

这种附着在你皮肤或鼻子上的细菌通常是无害的。但是也有一些会引起讨厌的疮，或诱发血液中毒和脑膜炎。这是别再去抠鼻子的好理由。

大肠杆菌

大肠杆菌中的绝大多数种类在肠道中存在是无害的。然而有一部分来自于未煮熟的肉，或通过人与人接触传播。这种病毒会导致各种疾病的产生，从新生婴儿的脑膜炎到腹泻。

丙酸杆菌

这种细菌是皮肤的永久居民，寄居在皮肤的毛囊及皮脂腺中。如果毛囊堵塞，将这种细菌困在里面，它就会大量繁殖，引发肿胀，也就产生了痤疮，也被叫作粉刺。

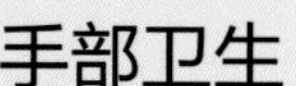

手部卫生

觉得它们很惹人讨厌？为了赶走这些看不见的讨厌鬼，并降低感染风险，那就经常性地洗一下你的手吧——尤其是在上完厕所，以及在你吃饭或准备食物前，或在你用手拿了钱之后。用温水和肥皂，两手反复揉搓20秒，确保洗净你的手指甲和指缝。然后用干净的毛巾将手彻底擦干——湿湿的手可是细菌最爱的繁殖场所哦。

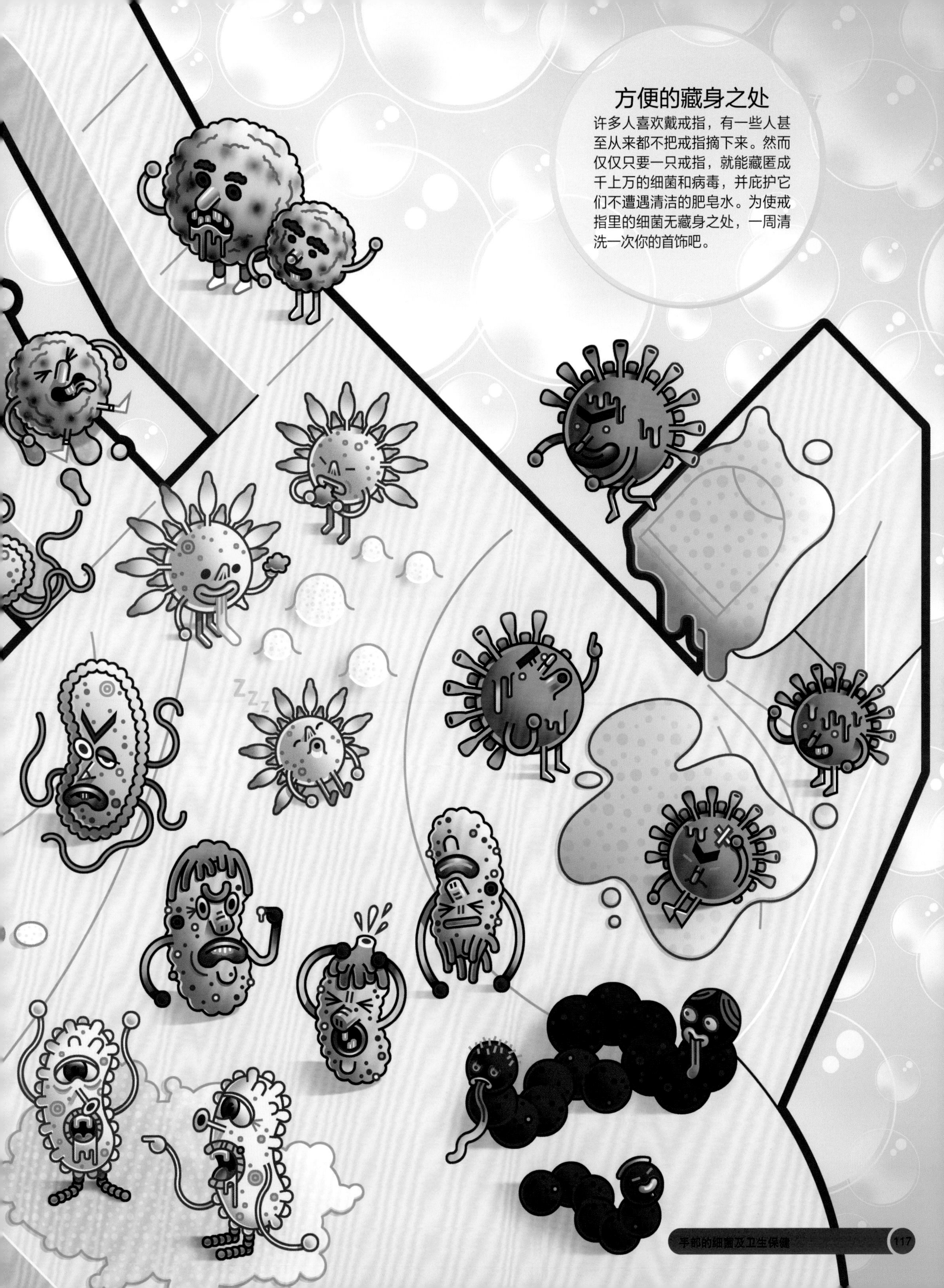

方便的藏身之处

许多人喜欢戴戒指，有一些人甚至从来都不把戒指摘下来。然而仅仅只要一只戒指，就能藏匿成千上万的细菌和病毒，并庇护它们不遭遇清洁的肥皂水。为使戒指里的细菌无藏身之处，一周清洗一次你的首饰吧。

目的地：人类

这些寄生虫们争先恐后地赶去你身边的某个人体内。一旦它们到达它们的目的地，就尽情地从人体取得它们所想要的，在那里繁衍生息，导致了主人疼痛或生病。它们是最坏的游客，偷听一下它们的谈话，看看它们要去哪儿。

时间	站台	到达
10:05	5	嘴巴交界处（结肠和小肠的换乘站）
10:22	1	眼睛（通过血液）
10:31	6	总指挥——大脑（通过血液）
10:52	4	皮肤大门
10:55	3	肝脏（站台上有寿司车
11:02	9	腿路
11:30	8	头皮城市（通过头发）

非洲眼线虫（罗阿丝虫）

很高兴一起聊天，但那是我的列车。我需要搭乘芒果实蝇的顺风车上路。我满怀希望，因为这个旅途会让芒果实蝇很饿，所以当它进食时，它会将我的幼虫注入它的人类主人。一旦进入，幼虫们就会在里面长成成虫，然后搭乘血液高速列车到达眼睛。它们在那儿蠕动着，是个讨厌的家伙！

蛲虫（线虫）

嗨！我刚从结肠回来。对于我这样的线虫来讲，那儿的日子真是太完美了。因为那儿很黑、很黏滑、很暖和。当我充满了卵时，我就会蠕动着从肛门爬出来，这就会使肛门发痒，因此我的卵就被那个不幸的人类抓挠出来，最后又传递进了口中。它们现在正在去结肠的路上呢。

蛔虫

我通常情况下是不会对人类产生太大伤害的，除非是在我们大量聚集并且堵塞了小肠的情况下。今天，我刚生下了孩子。当它们还是细小的虫卵时，就已经在去嘴巴的路上了。在那里它们能抓住通过消化系统到达小肠的纽带。

Unt. NNX 04.05.07

眼睛

布氏锥虫

我只是个极其细微的原生动物（单细胞有机体），正在等待着“采采蝇快车”将我直接载入血液。然后我会移动到大脑，带给人类致命的睡眠病。打个哈欠吧。

班氏丝虫
噢！多长的一次旅行啊！如果侥幸的话，我能到达肝脏。而我的幼虫所要做的就是搭上蚊子这趟便车。我们是另一种类型的蛔虫，需要进入人体。一旦到了那儿，它就直接进入淋巴管，在那儿我们能长大成熟，然后钻穿它们，导致人腿部产生象皮肿。
头虱
在我放松我六只钩型腿的时候，虫子先生，请你走开，我要认真地准备好抓住机会。我是这儿唯一的昆虫。嘿，我能叨扰一下你吗？我正在去“头皮城”的路上，在那里我会搭乘头发高速列车，以血为食，将这个地方染成红色。
肝吸虫（华支睾吸虫）
有人见过蜗牛吗？有次我们计划去海边旅行。一到海边，蜗牛就会释放出我的幼虫，幼虫会被鱼吃掉，然后鱼会被人吃掉，运气好的话，会被一个吃寿司的人吃掉。对那些幸运的幼虫来说，它们的下一站就是这个人的肝脏，它们的新家，充满了美味的胆汁，可以让它们美美地饱餐一顿。
疥螨
蛔虫，希望你的孩子旅途平安哦。但这并不是我想要的。我有八条腿，我需要好好把握自己。我要迁徙到皮肤的毛孔里，在那里我可以产卵，看着我的子孙孵化出来，诱发可以想象到的最糟糕的奇痒。
皮肤
头皮

受到攻击
受到了一队致病病原体的进攻的威胁，人体的免疫系统也正在组建一支对抗病毒攻击的防御队上场。卫士们需要小心了，因为细菌、病毒以及一些重量级的进攻者正试图侵入身体组织，引发严重伤害。然而那些进攻者也正面临着强大的防御战，这场战斗会很艰辛。
细菌
善战的细菌是进攻方的关键成员。一旦它们在人体内立足，就会释放出毒液，杀死人体细胞或让细胞无法正常工作。若再让它们前进的话，细菌会引发一系列疾病，如脑膜炎、肺炎。
病毒
作为进攻方最具侵略性的成员，病毒能以一种特殊的方式传染给人体。它们放任地攻入人体细胞，并且在寻找新的进攻细胞前迅速繁殖。感冒、流感、麻疹、狂犬病都是由病毒引发的。
光合原生生物
许多的光合原生生物，如生活在池塘中的变形虫是完全无害的。但也有一部分被吸纳为病原体的一员，比如鞭毛虫。被感染过的食物和水会刺激肠道，引发可恶的腹泻。
真菌
在进攻方有些有害的真菌，它们一点都不可爱。这些引起脚癣和轮癣的家伙侵入皮肤，并扎根生长，它们以皮肤中的活体生物组织为食，导致皮肤开裂、发红、发疼。

超级细菌

超级细菌是让双方最为畏惧的，是防御方中能抵抗抗生素的一种细菌。耐药葡萄球菌就是一种能导致皮肤传染病的超级细菌，尤其是在人体自身抵抗力下降的时候。

吞噬细胞

这些家伙能给对方以最有力的一击。吞噬细胞是率先投入战斗的，它们尽全力击倒进攻方。它们是防御细胞，抓住病原体，将它们吃掉并且摧毁。其中最灵活的就是嗜中性粒细胞，最强大的则是极度饥饿的巨噬细胞。

B细胞

和T细胞一起，B细胞组成了防御方的大脑。它们能准确地定位、瞄准进攻方中的关键成员。B细胞释放名为抗体的化学物质，抗体能让一些特殊的细菌和病原体丧失能力，使得队友吞噬细胞更容易确定目标。

杀手T细胞

它们是防御方的专家。它们在另一面直接攻击病毒。更奇特的是，杀手T细胞能找出带有病毒并试图繁殖的人类细胞，然后粘在这些带毒的人体细胞上，在细胞上打洞，释放能杀灭进攻者的化学物质。

疫苗

每一方都需要一名指导员，而疫苗就准确地在防御方起到了这样的作用。它们事先给B细胞和T细胞做出指导，以使它们能准备好对付进攻方中顽固的病原体，比如那些诱发麻疹、腮腺炎的病原体，在它们能进行任何破坏之前，发起一场全方位的攻击。

抗生素

虽然是一支精良的防御队伍，但是还是需要外界的一点小支持来帮助实现最终的胜利，这种支持就是以抗生素的形式来体现的。这是一种真正强有力的药物，能直接作用于对方细菌，并阻止它们在体内繁殖，没有了繁殖也就没有了感染。

急救站

像遭受任何其他威胁一样，当有一群黄蜂飞过来向你逼近时，就会自动触发人体的“急救站”，让人体准备好进入“战或逃”的模式——这是大脑下丘脑所做出的反应。通过ANS（自律神经系统）热线向关键的人体器官发出信号，以使身体做好面对危险的准备。

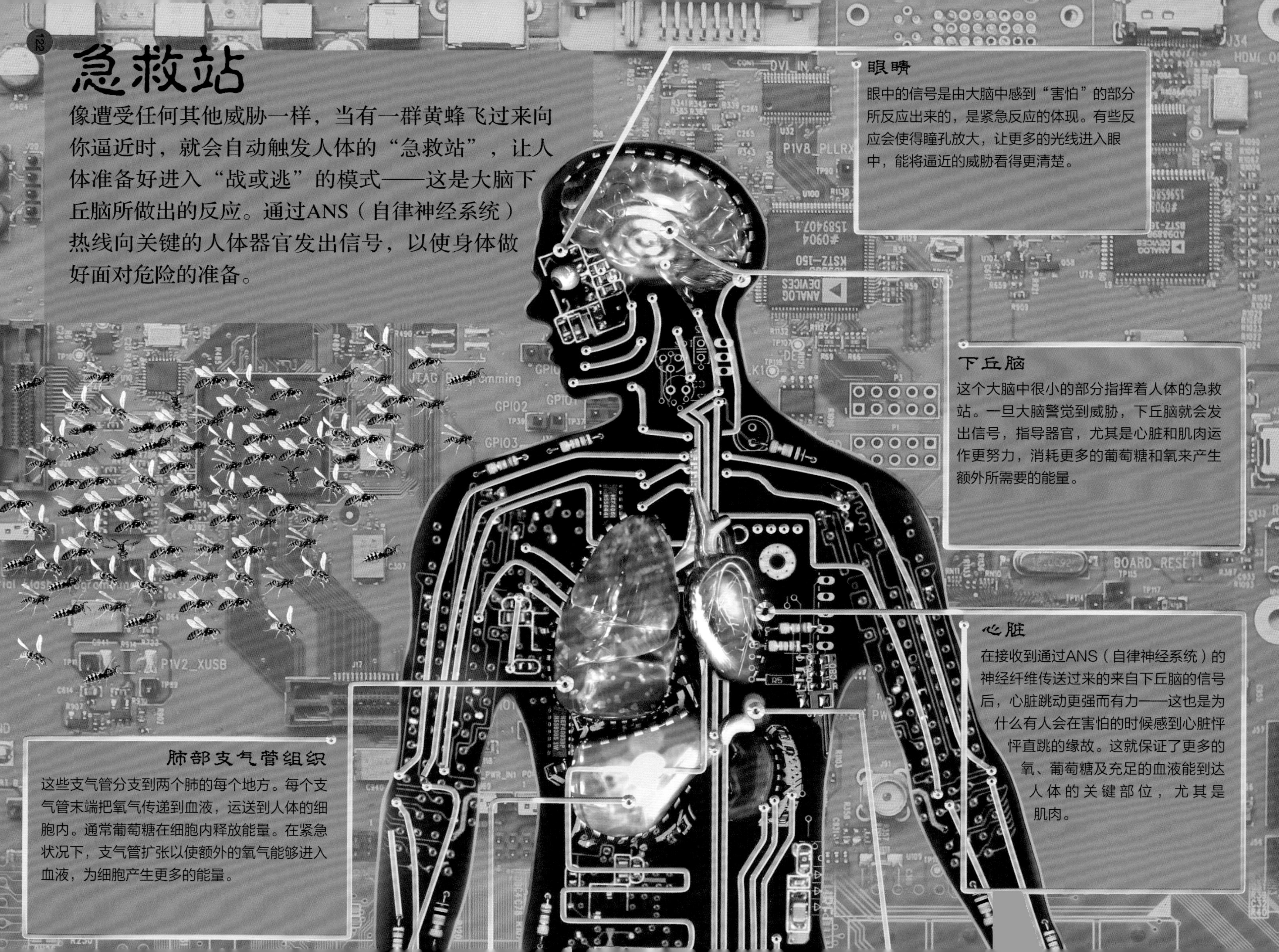

眼睛

眼中的信号是由大脑中感到“害怕”的部分所反应出来的，是紧急反应的体现。有些反应会使得瞳孔放大，让更多的光线进入眼中，能将逼近的威胁看得更清楚。

下丘脑

这个大脑中很小的部分指挥着人体的急救站。一旦大脑警觉到威胁，下丘脑就会发出信号，指导器官，尤其是心脏和肌肉运作更努力，消耗更多的葡萄糖和氧来产生额外所需要的能量。

心脏

在接收到通过ANS（自律神经系统）的神经纤维传送过来的来自下丘脑的信号后，心脏跳动更强而有力——这也是为什么有人会在害怕的时候感到心脏怦怦直跳的缘故。这就保证了更多的氧、葡萄糖及充足的血液能到达人体的关键部位，尤其是肌肉。

肺部支气管组织

这些支气管分支到两个肺的每个地方。每个支气管末端把氧气传递到血液，运送到人体的细胞内。通常葡萄糖在细胞内释放能量。在紧急状况下，支气管扩张以使额外的氧气能够进入血液，为细胞产生更多的能量。

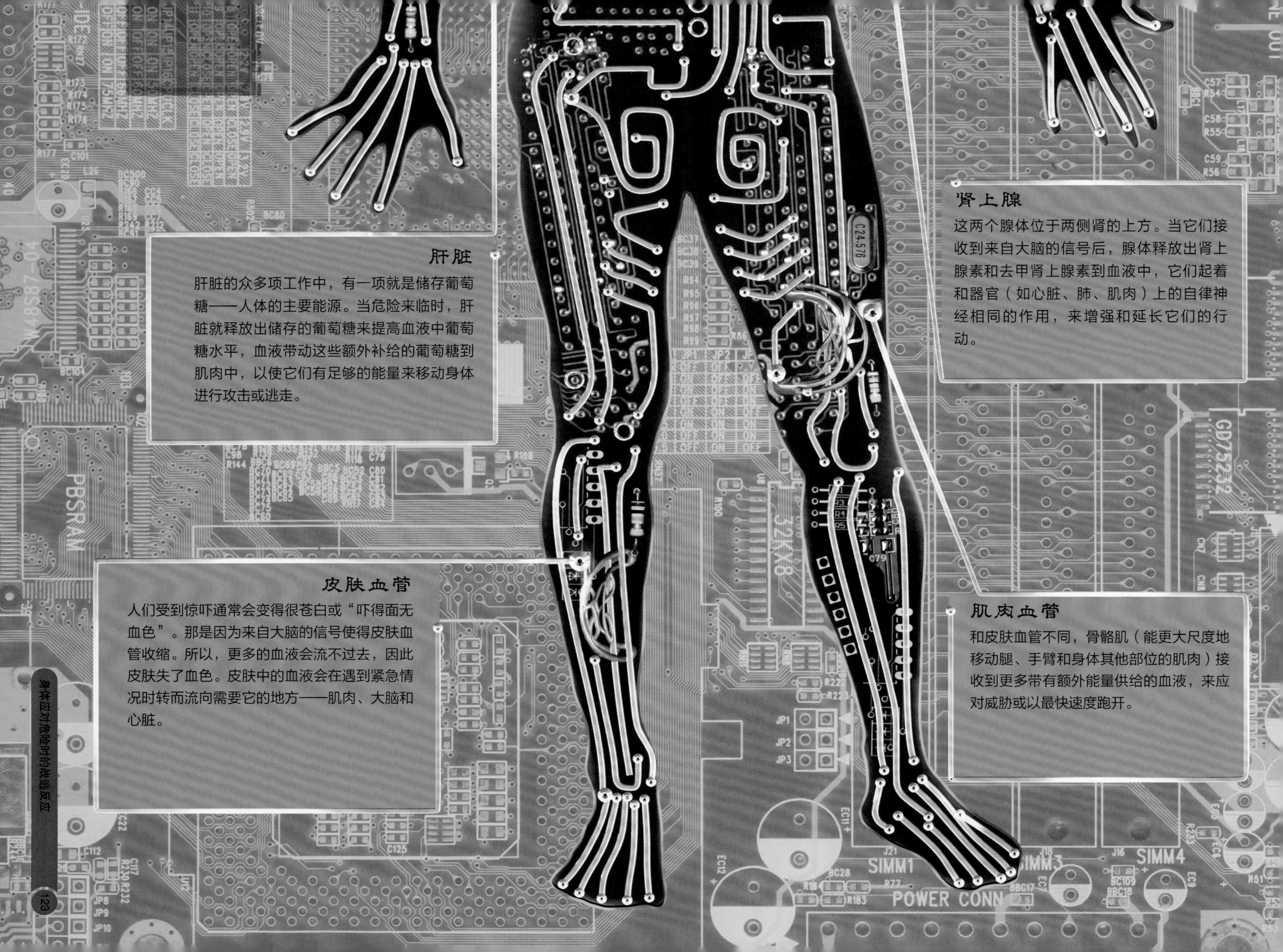

肾上腺

这两个腺体位于两侧肾的上方。当它们接收到来自大脑的信号后，腺体释放出肾上腺素和去甲肾上腺素到血液中，它们起着和器官（如心脏、肺、肌肉）上的自律神经相同的作用，来增强和延长它们的行动。

肝脏

肝脏的众多项工作中，有一项就是储存葡萄糖——人体的主要能源。当危险来临时，肝脏就释放出储存的葡萄糖来提高血液中葡萄糖水平，血液带动这些额外补给的葡萄糖到肌肉中，以使它们有足够的能量来移动身体进行攻击或逃走。

肌肉血管

和皮肤血管不同，骨骼肌（能更大尺度地移动腿、手臂和身体其他部位的肌肉）接收到更多带有额外能量供给的血液，来应对威胁或以最快速度跑开。

皮肤血管

人们受到惊吓通常会变得很苍白或“吓得面无血色”。那是因为来自大脑的信号使得皮肤血管收缩。所以，更多的血液会流不过去，因此皮肤失了血色。皮肤中的血液会在遇到紧急情况时转而流向需要它的地方——肌肉、大脑和心脏。

疾病大流行

自人类群居生活以来，就受到过疾病大规模爆发的影响。地域性流行病影响着整个社区团体，而世界性流行疾病则会在世界范围内蔓延。因为没人知道它们是如何产生的，所以更令人感到可怕与不安。今天，我们知道了疾病的爆发是由像细菌和病毒这样的病原体（病菌）引起的。然而，即便具备了这个认知，我们面对它们的进攻仍然显得不堪一击。

天花袭击“新大陆”

来自西班牙和葡萄牙的冒险家和士兵入侵“新大陆”，对于美洲原住民来说，无疑是场灾难。自欧洲人15世纪来到这里，掀起淘金、淘银热以来，他们也将疾病散布到了这里，而原住民根本没有抵抗力。其中最致命的就是天花——一种病毒性疾病，已经导致数百万人死亡。

美洲原住民反抗武装的西班牙侵略者。

黑死病

仅在4年之内，黑死病蔓延到了整个欧洲，造成了欧洲半数人口的死亡。这种可怕的瘟疫最早出现于1347年，它会引发高烧、流血、黑疮，甚至痛苦地死亡。它被确认为鼠疫——鼠疫杆菌借鼠蚤传播为主的烈性传染病。

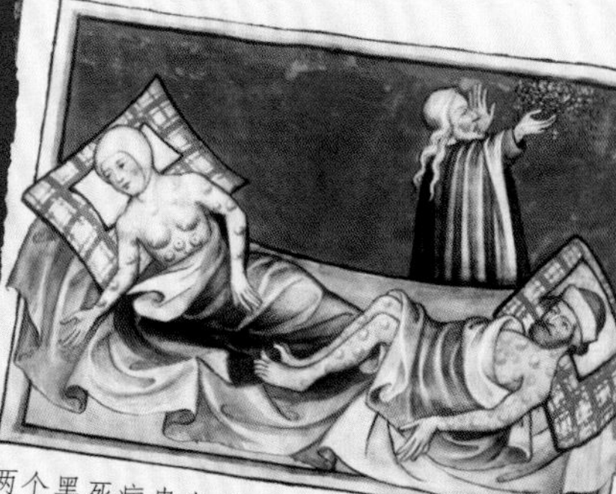

两个黑死病患者暴露了遍布身体的可怕疮口。

拿破仑大军失败

1812年12月，皇帝拿破仑和他的大军的残余部队撤退

1812年4月始，法兰西帝国皇帝拿破仑·波拿巴的大军入侵沙俄，最终以疾病的大爆发而告终。50万军士征战莫斯科，仅4万活着返回法兰西。很多是战死的，或者是死于饥寒交迫，但最多的是死于斑疹伤寒的大流行。这种疾病通过吸血体虱传播，并且快速蔓延，尤其是在大家都挤在一起又难以保障卫生的条件下。

霍乱

19世纪就有过数次这种疾病的大流行。霍乱是通过带有细菌的食物和水传播的，会引起急性腹泻及呕吐，并通常会致患者死亡。最初是由印度在1817年传入欧洲，到19世纪30年代就已蔓延到了美洲。霍乱大多发生在卫生条件差的城市。

两辆公共消毒车被拉到新的地方去阻止另一场霍乱的爆发。

西班牙型流行性感冒

1918年11月，第一次世界大战结束时，死亡大约一千多万人。然而这个数字与同年死于流感大爆发的人数相比，要少太多了。西班牙型流行性感冒是由一种病毒引起的，针对健康的年轻成年人，能在数小时内致人死亡。它以惊人的速度蔓延至全球。到1919年消失前，杀死了至少2500多万人。

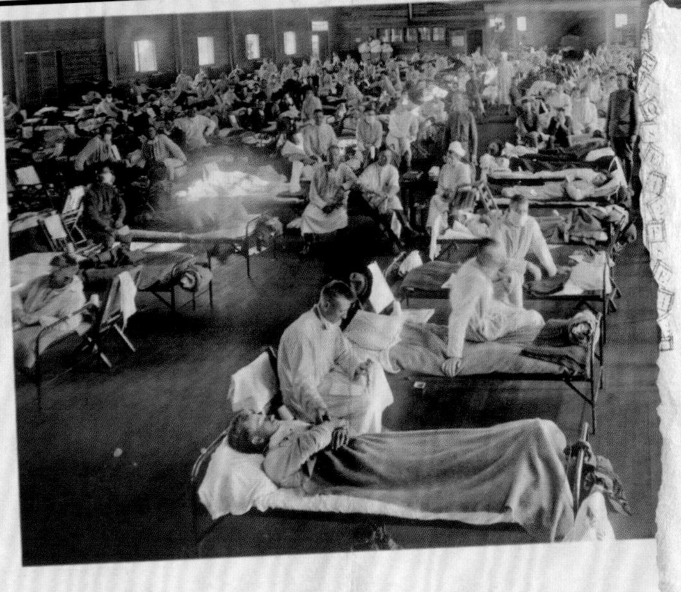

医生和护士在一个临时搭建的急诊室医治西班牙型流行性感冒的患者。这个急诊室设在美国堪萨斯州美军军营。

埃博拉出血热

1976年这种杀人的病毒首次爆发于刚果民主共和国。自那以后，也有过数次的爆发，但从来都只是在非洲境内。埃博拉具有高度的传染性，它是由一种病毒引起，通过唾液、血液和其他体液传播。它可导致内出血，通常都是致命的。

传染性非典型肺炎（SARS）

空中旅行似乎“帮助”了这种新型的、可能致命的疾病在全世界的蔓延。第一例病例出现在2003年中国的广东省。SARS是病毒性疾病，最初是在野生动物身上发现的。它可导致呼吸困难、疲劳、腹泻。在短短2年时间内，有8000多人被感染。

市民都戴上口罩以降低沾染SARS病毒的风险。

艾滋病——治愈的希望

获得性免疫缺陷综合征（艾滋病），首次爆发是在1981年。两年后，它的病原被确认为是人类免疫缺陷病毒，或叫HIV，通过体液传播，如血液。这种病毒侵入关键抗体细胞，比如T细胞，这样就削弱了免疫系统，人就会死于很多种疾病。目前，人们仍在研究这种国际杀手的治愈方法。

在入侵更多这些防御细胞并在里面繁殖之前，HIV病毒（绿色）在T细胞内爆发。

日本麻疹爆发

导致数千学生感染的麻疹大流行在2007年5月蔓延到了东京，让卫生部官员们大吃一惊。它具有很强的传染性，并且通常是传染给儿童。这种麻疹病毒通过咳嗽、打喷嚏传播，有时是致命的。麻疹的爆发归咎于日本未对所有儿童接种对抗这种疾病的疫苗。

你有多么顽强？

快来呀，快来呀！杂技团进城啦。我们一起去惊叹人类力量与忍耐力的展示，见证我们的表演者如何将他们的身体发挥到极限，他们承受极度的热、冷、痛与压力，让人忍不住倒抽一口气。以下就是这些极限表演。

警告：这些表演者都受过专业训练，小读者们切勿模仿！

信心的飞跃

抬头仰望天空，去见证“冲地俯跳”的恐怖。冲地俯跳是一个叫作瓦努阿图的太平洋国家人们祈祷丰收和吸引异性注意的仪式。用藤蔓系住两只脚踝，这个年轻人从一座晃动的塔上飞跃而下。如果他幸运的话，他的头可以避免接触到地面。

非凡的展示

凡是认识“站立之父”拉姆·达亚尔·萨尼察尔·穆尼的人，都会被他的行为惊呆。他是个印度圣人，他发誓要站立（不能坐下或躺下）12年。无论他是醒着或睡着，他都用一根秋千来支撑着，并可以一次让一条腿吊住获得休息，太不可思议了。

走火堆的壮举

看舞台中央，我们的明星赤脚走过炙热的余烬却未被烫伤，她是如何做到的呢？诀窍就在于，煤渣的热传导是比较弱的。另外，因为她走得很快，与每一块煤并没有足够的接触使脚被烧伤。

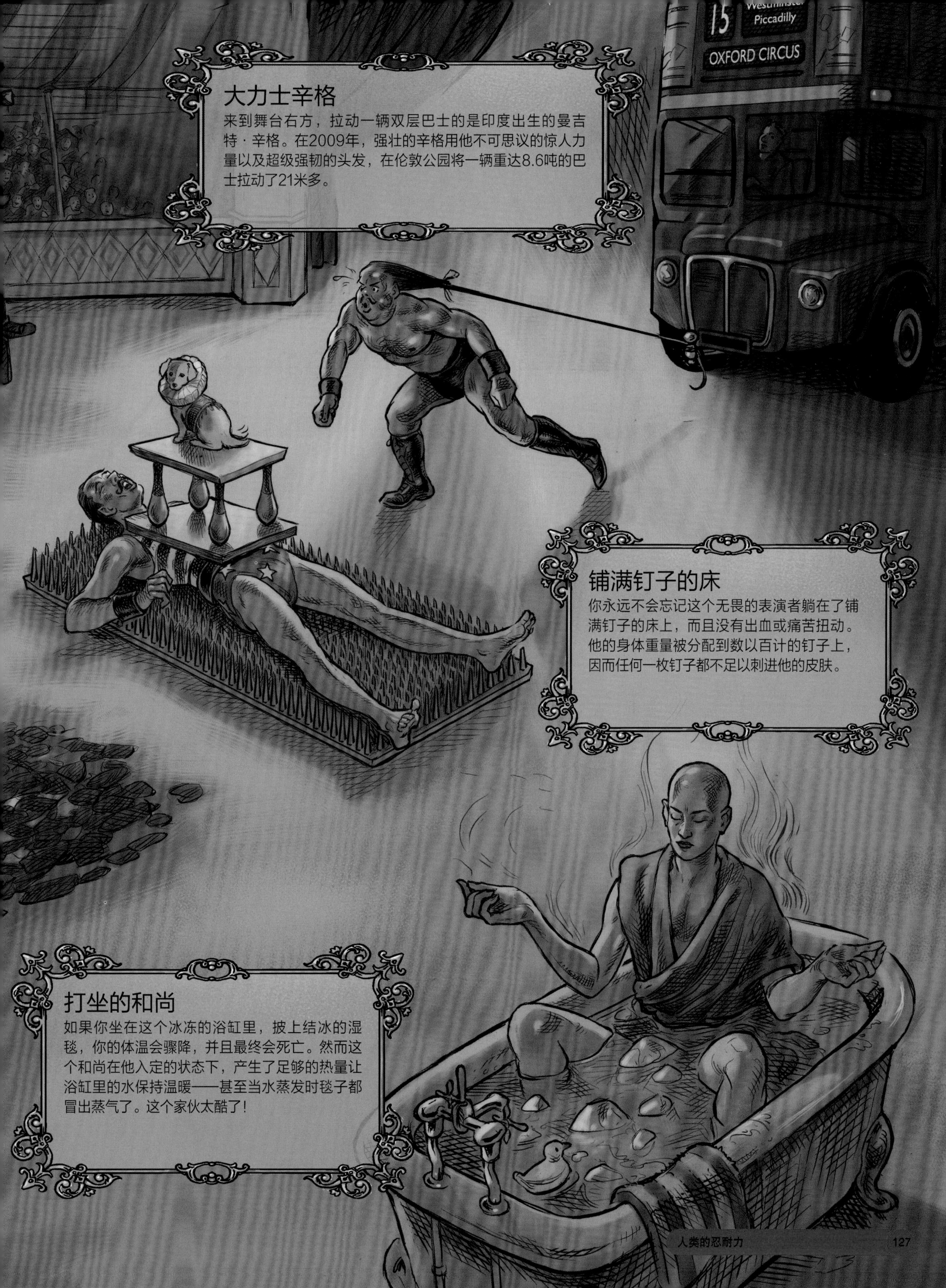

大力士辛格

来到舞台右方，拉动一辆双层巴士的是印度出生的曼吉特·辛格。在2009年，强壮的辛格用他不可思议的惊人力量以及超级强韧的头发，在伦敦公园将一辆重达8.6吨的巴士拉动了21米多。

铺满钉子的床

你永远不会忘记这个无畏的表演者躺在了铺满钉子的床上，而且没有出血或痛苦扭动。他的身体重量被分配到数以百计的钉子上，因而任何一枚钉子都不足以刺进他的皮肤。

打坐的和尚

如果你坐在这个冰冻的浴缸里，披上结冰的湿毯，你的体温会骤降，并且最终会死亡。然而这个和尚在他入定的状态下，产生了足够的热量让浴缸里的水保持温暖——甚至当水蒸发时毯子都冒出蒸气了。这个家伙太酷了！

有风险的交易

食物是维持生命所必需能量的来源，但是它也是带着某种风险的。有些食物，尤其是那些经过加工处理、含有一些添加剂或者污染物的食物会影响到你的健康。食物会被污染，或在加工的时候添加了你根本不知道的成分……为了更好地查明，那就来检查一下“格里姆食品超市”，你会被我们食品中所含的成分吓到的。

奶粉中的三聚氰胺

你希望孩子喝的奶粉是安全的，但2008年在中国查出一些奶粉中就含有三聚氰胺——一种能让产品显示的蛋白质含量比其真实含量更高的有毒物质。三聚氰胺毒害了孩子，引发了他们的肾脏问题，甚至出现个别死亡现象。

农药

一天至少食用500克水果和蔬菜是被推崇的健康饮食的一部分。然而，那些食品中也会携带微量的有毒农药，这些农药是它们在生长期间为杀虫而喷洒在上面的。

反式脂肪

人造的反式脂肪会被用在很多的加工食品生产中，包括饼干、面包，以及一些方便食品中。这是因为它们是散装的，而反式脂肪能让食品在货架上的保存时间更久。可惜的是，如果大量食用的话，会增加心脏病发作和中风的风险。

金枪鱼

无论是罐装的还是新鲜的金枪鱼都是相当受欢迎的食物，它对大脑和心脏有益。但金枪鱼有可能会含有少量的重金属毒素，比如会污染海洋并能引发健康问题的汞。这就是为什么医生建议我们一周吃金枪鱼不要超过两次。

大胃王的风险

参加比赛的人被要求在规定时间内吃尽可能多的一种食品。从以下食品中选择：鸡翅、汉堡、薄松饼。

警告：一个俄罗斯人在塞下43个奶油香蕉味的松饼后轰然倒地死亡。把过量食物塞积在喉咙是非常危险的。

警惕饮水过量

如果长时间不喝水，没人能活下来。我们需要通过喝水来补充每天出汗、排尿等流失的水分。然而饮过量的水也会有危险，它会稀释血液，使脑细胞膨胀，导致昏迷、抽搐，甚至死亡。

特价牛肉！

1.99

汉堡

曾经有过食用便宜汉堡让孩子得重病的事例。这些汉堡带有致命的大肠杆菌，并且没有完全做熟。在有些地方，那些用做汉堡牛肉的牛会被喂养生长激素，而这种激素会影响孩子的成长。

格里姆·吉姆今日名言：

吃之前想一想，
否则你会死在自己的手上！

80p

高含盐量！

盐

我们可以列举出一大堆加工过的食品，这些食品里面添加盐作为增味剂，使它们吃起来更有味道。这些食品包括番茄酱、比萨、烤豆、薯片、方便食品、汤以及面包。对成年人来说，食用太多盐会增加高血压以及心脏病发作的风险。

1.10

热狗

下次你在吃热狗或其他廉价肉类食品时，想一下：它可能含有机器回收肉，这有可能是剔除了有价值的肉以后死畜身上留下的下脚料的肥肉、软骨或其他部分做出来的。祝你有个好胃口！！

奇异的急诊室

这些人出了什么事要被送进医院的急诊室（ER）?他们中的一部分人是具有事故易发倾向性的，而其余的只是太不幸了而已。在这工作的医生先弄清楚发生了什么，研究伤害的性质，然后帮病人包扎，或者将他们送至专家处。这里的事故可能听起来很稀奇古怪，但大部分还是很常见的。

吞咽物体

从开门钥匙到刀叉餐具，从假牙到电池，人们吞咽进了许多奇怪的东西。一到急诊室，医生就给病人们去拍X光片，以确认到底吞下了什么物体。大多数的小物体，比如硬币，在人体内穿行还是安全的，但是一些尖锐的东西，比如别针，那就可能会威胁到生命了。

机器事故

尽管有着很严格的安全规范，人们还是会一次又一次地因为工地机器事故被送进急诊室。这些事故包括被机器割伤、烧伤，或是骨折，以及断指。伤口通常需要快速地进行手术以防止感染或截肢。

拉拉操

之前这个拉拉操只是抖抖花环和踢踢腿，但现在的拉拉操可是一项危险的运动。表演时会包含一些体操的特技和人体金字塔的技巧以及翻转跳跃。只要一步踏错，就有可能导致骨折、脑震荡，甚至瘫痪。

左撇子的工具

有10%的人口是左撇子，他们被送进医院主要是因为使用了为右撇子设计的工具而受的伤。即使是平常的剪刀，让左撇子的人用起来也会更容易手滑，并且导致剪伤或戳伤。

雷击

当闪电击中地面时，也很可能会击到人，从而引起人烧伤或对神经系统产生伤害。急诊室的医生会确认一下伤口，并进行适当的处理。好消息是被雷电击中的几率只有三百万分之一。

摔下床

很好奇为什么那么多人会因为从床上摔下来引起碰伤、擦伤、割伤、骨折而被送至急诊室，很多是平衡能力较差的老年人，小孩子也经常会从床上摔下来。

花炮

点燃花炮的线和一个细小的内部装置，就会让花炮在空中燃放。但花炮引起的事故和庆祝无关。急诊室的医生发现，不管是大人还是孩子，都是在花炮爆炸时被飞出的花炮的皮击中了眼睛。

母牛的攻击

在奶牛场附近的乡间散步应该不会产生什么问题吧。但是牛会在感受到威胁的时候做出反应，尤其是当它们还有小牛犊需要保护的时候。散步的人，尤其是遛狗的人，就曾被母牛攻击踩踏过，带着很严重的，有时甚至是致命的伤被送到了急诊室。

掉下的椰子

还有什么会比沙滩旁高大的椰子树更有田园诗般的氛围？但这些椰树也会造成危险。椰子平均重达4千克，会从25米高的树上掉落地面。任何被落下的椰子砸到的人都会因脑震荡，甚至大脑损伤而被送进急诊室。

第六章　暗藏在身边的危险
你不必大费周章地去寻找刺激。惊恐的噩梦会出现在你的睡眠中，电影中的恐怖情节会吓到你，甚至连你的家中都充满着各种危险的陷阱，伺机将你变成一个伤员。但是你仍然渴望刺激？来次小小的蹦极？要不然就来一餐致命的河豚宴？

但愿你不在这里

这些明信片上日常生活中的场景看似足够无害，但是仔细观察，很多看不见的灾难正伺机在最不可能发生的地方发生。这些被忽视的死亡陷阱没有潜藏在角落，而是在海滩、在厨房、在教室……它们时刻准备着！

高处坠崖

在高高的悬崖边上玩滑板可不是什么好主意。注意任何一个警示标志……如果你不是滑得太快而错过了它们的话，那就是。

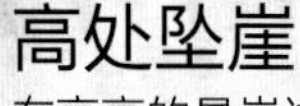

被激流撕裂！

让我们在此保佑猫会游泳吧！留意在水面之下奔流的强大的激流。它们推动着这艘载着猫的橡皮鸭子滑向了海中。

晃椅子

你是不是特别喜欢翘脚晃椅子？你就等着椅子一滑，带着一颗疼痛的脑袋和受伤的自尊心摔倒在地吧。

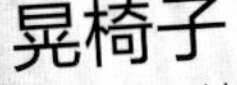

岩石上的欢乐时光

千万不要让自己陷入孤立无援和手足无措的境地！在岩石上的人要时刻瞪大眼睛看着将要涨起来的潮水，防止自己被潮水与沙滩隔离开。

游上岸还是沉底

就像它的名字所暗示的那样，流沙不会让你有很多的时间去做出反应，并且越挣扎陷得越深。平躺下来，尝试着“游”出去吧。

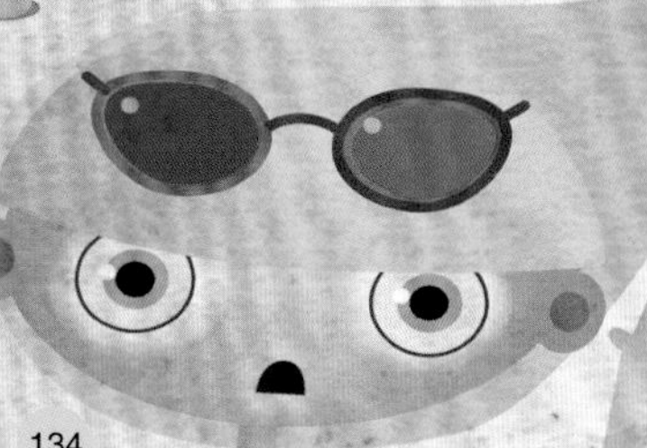

破碎的玻璃

喜欢沙子从脚趾缝中流过的感觉吗？注意光着的脚丫不要被破碎的玻璃割伤了——你永远不会知道在这金色的沙子中潜藏着什么其他的东西。

喜欢郊游?
随手放在地板中央的书包正是等待发生的意外事故……你都不需要等待太久。
带有病菌的喷嚏
咳嗽和打喷嚏的时候会将鼻涕和细菌喷溅到空气中。你的桌子变成了感冒和流感病毒的繁殖地。当你打喷嚏时用张面巾纸挡一下吧。
真的很痛
教室里经常会发生一些自我伤害的情况，比如被订书器、剪刀、削笔刀弄伤……
看不见的危险
在教室里飞奔着发书或作业本，对每个人都会有危险，包括书。
瓶子里的危险
敞开的柜子里摆放的有毒的清洁剂和在旁边的婴儿，实在是个糟糕的组合。孩子是读不懂瓶子上的警示标志的。这些瓶子对于他们来说，里面看起来就像是装着汽水。
开水泼出来
锅里的水随时都有可能煮得溢出来。但愿孩子不会够着并去抓住那个把柄——锅会翻个底朝天。
滚筒清洗
时时留心你养在厨房里的宠物。仓鼠亨利经过的时候不小心掉进了洗衣机里，它觉得自己洗得可真够干净的。
美味陷阱
生的食物如果不盖起来就放在一边，就会遭来苍蝇和细菌的入侵。希望家人在吃的时候别得病。

杀手树薯

在非洲和南美洲的很多地方，有种根茎类的植物，叫作树薯。树薯可被用作佐餐，或者也可以碾成面粉，叫作树薯粉。然而，千万不要把它当成蔬菜来食用，它生的时候含有致命的有毒氰化物。如果不想把晚餐变为一场灾难的话，那就在备餐和烹饪时仔细一些吧。

神奇的河豚

河豚在日本被叫作fugu，它是世界上最致命的美味。平均每年食用河豚会导致4人死亡。它的皮和内脏含有很强的河豚毒素——一条河豚含有的毒量就足以杀死30人。在日本，厨师都需要培训几年后才能烹饪这个昂贵的抢手菜。最有水平的厨师试图保留非常适量的毒素，吃起来能在舌头上留下一种很愉悦的麻木感，这听起来似乎很冒险啊。

巨型牛蛙

法国人以食用牛蛙腿而出名，然而纳米比亚人更厉害。在纳米比亚，吃整只巨型牛蛙会被认为是一种极致的美味，尽管它有毒的皮可能导致肾衰竭。

致命餐馆

如果你认为在学校的餐厅吃饭就是百分之百安全的，那就仔细检查一下这个餐厅吧。一次的光顾就会成为你的最后一次。在菜单上的是精选出来的来自世界各地的显而易见的危险食品——有些只会被意外吃下去，而其他则是被高度赞誉的佳肴。

杀死还是治愈？

几个世纪以来，蓖麻油在民间都被用来治疗各种疾病，包括烧伤、割伤、头痛，甚至是治疗粉刺。但是这种植物的种子，也就是我们所知的蓖麻子，含有蓖麻毒素——这是大自然中最致命的毒素之一，只需8颗小小的蓖麻子所含的毒素就能杀死1个人。

蘑菇餐

从以下5种令人垂涎的选项中选出一种：

1）死亡之帽 ——看起来像是可食用的种类，但是看看名字中暗含的提示吧。

2）松蕈 ——颜色很鲜艳，只要吃10个就能毒死1个成年人。

3）担子菌 ——形状很小的一种蘑菇，但含有剧毒。

4）杰克南瓜灯——亮橙色，在黑暗处能发出红光，食用后会引发严重的胃绞痛。

5）致命的纤维帽——含有大剂量的毒蕈碱，这是一种致命的毒。

活章鱼

活章鱼在韩国和日本是一种很受欢迎的美食，当然对那些胆小的人除外。章鱼在活着的时候就被切成一片片，触须在盘子中仍在蠕动着。若有人食用时未充分咀嚼，则会有被触须的吸盘卡住喉咙后部的风险。

蛆奶酪

在这堂奶酪课上，我们为何不尝试一下撒丁岛的美食蛆奶酪呢？这种奶酪是由羊奶制成，会被搁置在外数月，因而会被昆虫的幼虫钻孔。蛆会在奶酪中蠕动、消化，以使奶酪变得更松更软。建议在食用这种奶酪时保护好自己的眼睛，因为当里面的蛆被惊扰到的时候，会蹦跳起来。而且，一旦吃进去，它们会在你的肠内欢快地打滚。

工具房的危险

进入工具房的暗区后果自负。这里对每个爱好DIY（自己动手做）的人都潜藏着危险和意外。在美国，每年有约四百万人因DIY事故受伤而被送进医院的急诊室。下次在家里需要做一项应急工作时，记住这个道理——工具们正竭尽全力地找你的麻烦呢。

梯子的悲剧

不知你是否听说过有个家伙从梯子上摔下来，头部被钉在了一块厚厚的木板上，最后被飞机送进了医院？其实这很常见。在工具房中，梯子引发的意外比其他任何工具引发的都多。

侥幸脱险

注意——你的割草机咬你了！不要在机器还在转动的时候去调节刀片，也不要穿着拖鞋去剪草，你会把手指和脚趾都割掉的。注意一下散落在草地上的工具，它们有时会突然跳起来击中你的脸。

粘住的后果

胶水在收拾装修房子的各类工作中会用到，但是在粘的时候一定要小心。人们会因为把自己也粘在了各种物体上而被送进医院。粘马桶盖的时候千万不要让胶水溢出来，因为有人会……

钉子的力量

DIY惨事列表上，钉枪名列前茅。一旦不小心手一滑，钉子就钉到你的骨骼上了（通常是手上或脚上），而不是钉到墙上或地上。在加利福尼亚，有个人因为一次钉枪的意外事故，从头盖骨上取下了六颗钉子，幸运的是他活下来了。

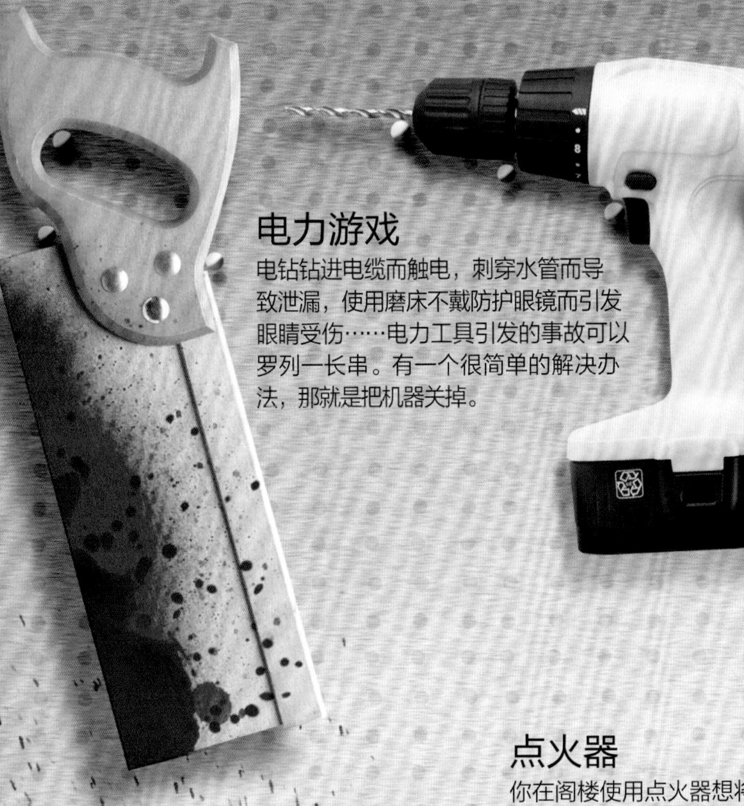

电力游戏

电钻钻进电缆而触电，刺穿水管而导致泄漏，使用磨床不戴防护眼镜而引发眼睛受伤……电力工具引发的事故可以罗列一长串。有一个很简单的解决办法，那就是把机器关掉。

不帮忙的手

不要试图用螺丝起子将盖子从油漆桶上取下来。如果一不小心滑了，你会伤了自己。这会儿你把锤子落在哪里了？它在那个四脚梯顶上。所以爬的时候小心一点。绝大多数的DIY意外都是因为使用便携式的工具（包括锤子、螺丝起子、刀、小刀）不小心一滑而产生的。

刃口

从手锯到电锯，这些工具是需要被尊重的。大多数的电锯割伤都是发生在腿部或者膝盖，因为手滑、掉落或对运转的电锯失去控制。电锯割伤平均需要缝上110针！

点火器

你在阁楼使用点火器想将旧的油漆烧掉，谁知整个屋顶都着火了。然后好几个火警警报器尖叫起来，导致整条大街禁行。这可真是个小小的教训啊！

急救

在工具房，急救箱绝对是必备之品。DIY受伤列表上，榜首就是手或手指的割伤，眼睛里进了灰尘或油漆，还有相当一部分人是身体某些部位撞在了玻璃窗户或门上……好痛！

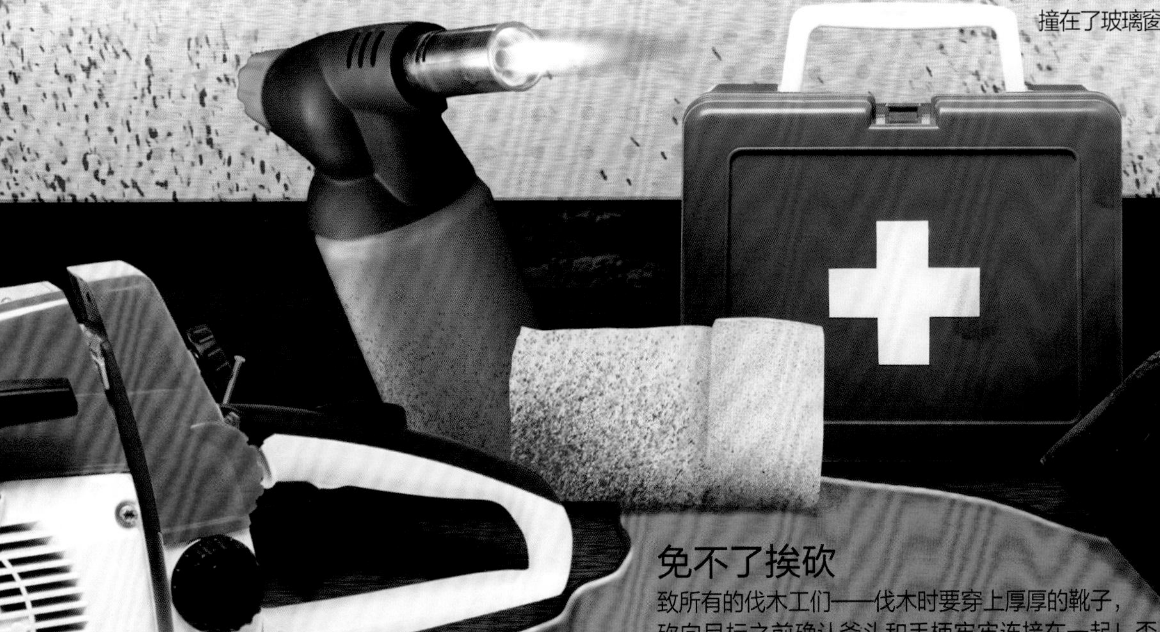

免不了挨砍

致所有的伐木工们——伐木时要穿上厚厚的靴子，砍向目标之前确认斧头和手柄牢牢连接在一起！否则，你也会被砍到哦！

古怪的行为引发的死亡

生活中充满潜藏的危险，意外随时都会发生。除去这些，有些人生活中会太喜出望外，根本意识不到自己所做的蠢事。因为这些愚蠢的行为，人们意外结束了自己的生命。读后为他们哀悼吧！

多么坚固的窗玻璃啊！

这个奖项颁给这位男子——他为了向访问团证明玻璃是坚不可破的，冲向了他位于24层办公室内的窗户。在第二次尝试时，他撞碎了玻璃，坠楼身亡。

一箭双雕

祝贺这位心急的司机吧。他在铁路周围驾驶，想去撞击即将行驶过来的列车，最后迎头撞上了一辆相向驶来的汽车，因为那个司机带着同样的想法从对面驶来！而列车则相安无事地通过了。

挑衅毒蛇

这个加利福尼亚人与一条响尾蛇发生争执后，他的美国梦就终结了。当此人对着蛇吐舌头挑衅时，这个被激怒的爬行动物用毒牙咬了他的舌头以示报复。这个可怜的家伙舌头和喉咙都肿胀起来，最后窒息而亡。

他倒在地上

一个蹦极者仔细地测量了他的绳索，确定绳索的长度能在离地几米处将他拽住。不幸的是，他没注意到绳索是由橡皮筋做成的。当他跳下去后，绳索被拉长，最后他脑袋率先砸到了地上。

被风吹走

一位巴西天主教的神父将1000只充了氦气的气球绑在一张椅子上，然后自己坐了上去升上了天空。他的目的是为教区工作筹集资金，但是天气却不帮忙——强风将他吹走了，飘到了海上。后来人们再也没有见过他。

公鸡喔喔啼

这个故事取自历史典籍：1626年的一个寒冷的冬天，具有前瞻意识的英国科学家弗朗西斯·培根爵士决定看看是否可以用将鸡肚子里塞满雪的方式来冷藏它。他因此而得了感冒，一周后因肺炎去世。

打错了

下面的这个奖项要献给这位：他被床边的电话铃声吵醒，然后伸手去够电话机接听。但是在无意间，他没有够到电话而是够到了自己的枪，当他迷迷糊糊拿着枪放到耳边想说话时，将自己的脑袋射穿了。

令人震惊的故事

有一个人，他的草地经常被鼹鼠糟踏，这让他烦不胜烦。于是他就将他的金属冰鞋埋到地里，并且接上高压电线。第二天，当他踏上草地去看是否电死鼹鼠时，自己反到被电死了。

充满危险的职业

办公室的工作会让你感到枯燥吗？比起朝九晚五的无聊职业，你是不是更想寻求一份充满冒险和挑战的工作？那就快穿越我们的障碍训练场吧，来看看这些世界上最危险的职业，它们可是非常容易致人死伤的——所以一定要戴好你的安全帽哦！

伐木工

你一定要注意不要在滑倒时碰到电锯，也要当心倒下来的树木和枝桠！伐木在充满危险的职业榜单里名列前茅。如果你热爱大自然，这项工作将是一个非常好的选择，但是千万别忘了随身准备一个急救箱。

拆弹专家

这个障碍需要一名拆弹专家。无论那是一个IED（Improvised Explosive Device的缩写，即简易爆炸装置），第二次世界大战时期遗留的炸弹、地雷，还是汽车炸弹，拆弹专家接受的训练就是要安全排除任何爆炸性装置。这项工作要求拆弹专家具有耐心、专业技能和巨大的勇气。

深海潜水员

我们的下一站是深海海底。深海潜水员在黑暗、浑浊的海水里寻找石油、天然气或者修理损坏的管线。这是一项艰巨而又危险的工作——尤其千万不要快速地浮出水面。因为血液里产生的气泡可能使潜水员死亡，这就是所谓的“减压病”。

取毒师

第一步，抓住一条毒蛇。接下来，揉动它的毒腺，直到毒牙将毒液释放到一个罐子中。一定要记得随身携带抗毒血清，因为在取毒的过程中被咬到的概率非常高。从事这种职业的人真是“毒”出心裁啊！

电力技术人员

在户外检查所有的带电电线，安装并修理高压电线，与电亲密接触，你要时刻为在天气异常的情况下工作做好准备。当然，强大的神经和没有恐高症是成为电力技术员的两项必要条件。

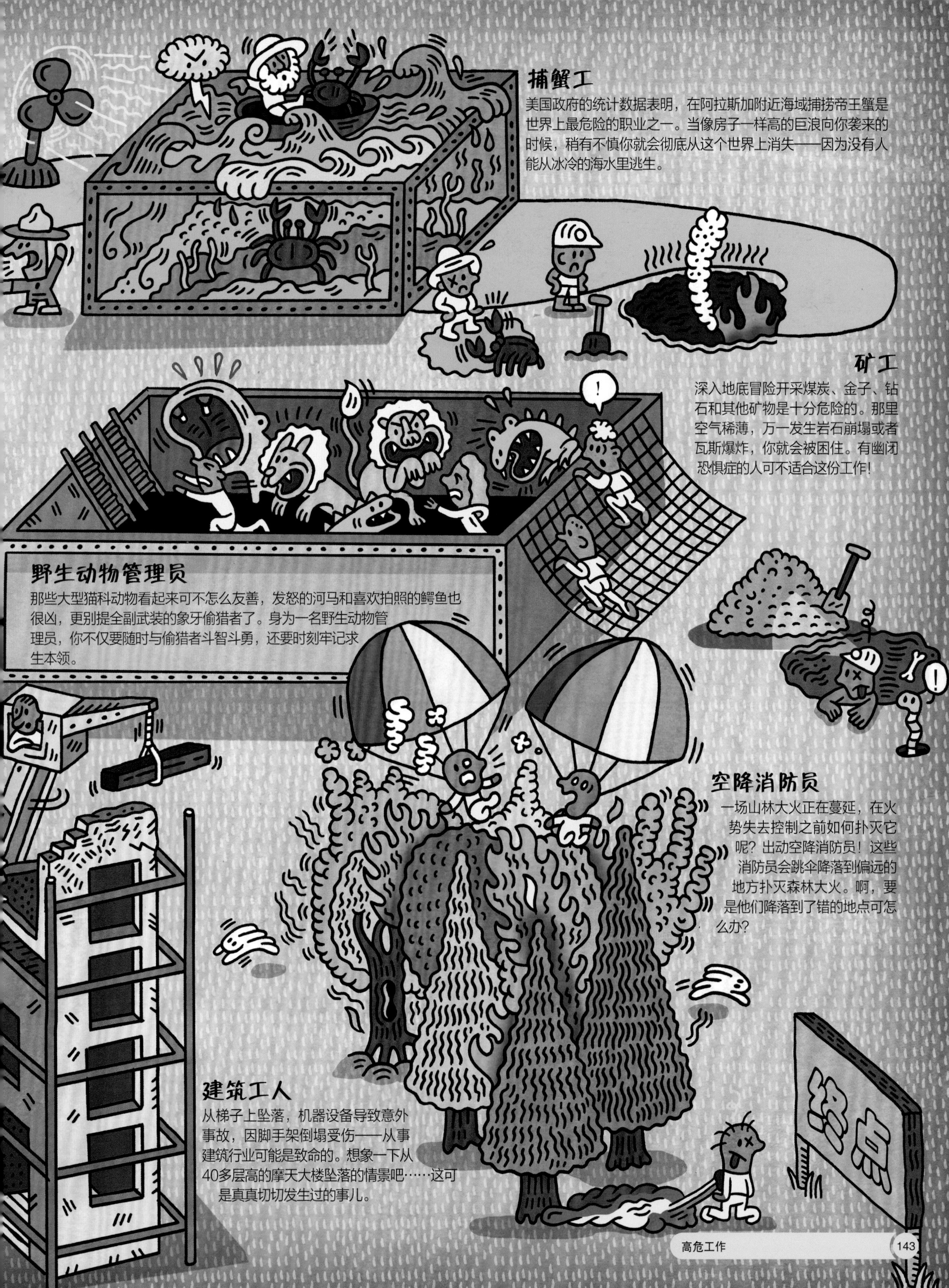
捕蟹工
美国政府的统计数据表明，在阿拉斯加附近海域捕捞帝王蟹是世界上最危险的职业之一。当像房子一样高的巨浪向你袭来的时候，稍有不慎你就会彻底从这个世界上消失——因为没有人能从冰冷的海水里逃生。
矿工
深入地底冒险开采煤炭、金子、钻石和其他矿物是十分危险的。那里空气稀薄，万一发生岩石崩塌或者瓦斯爆炸，你就会被困住。有幽闭恐惧症的人可不适合这份工作！
!
野生动物管理员
那些大型猫科动物看起来可不怎么友善，发怒的河马和喜欢拍照的鳄鱼也很凶，更别提全副武装的象牙偷猎者了。身为一名野生动物管理员，你不仅要随时与偷猎者斗智斗勇，还要时刻牢记求生本领。
!
空降消防员
一场山林大火正在蔓延，在火势失去控制之前如何扑灭它呢？出动空降消防员！这些消防员会跳伞降落到偏远的地方扑灭森林大火。啊，要是他们降落到了错的地点可怎么办？
建筑工人
从梯子上坠落，机器设备导致意外事故，因脚手架倒塌受伤——从事建筑行业可能是致命的。想象一下从40多层高的摩天大楼坠落的情景吧……这可是真真切切发生过的事儿。
终点

自由潜水

深吸一口气，你要坚持8分钟，或者更长时间，当然前提是如果你开始吸进的是纯氧气。自由潜水是一种不携带任何呼吸器在水下潜泳的运动，是最接近鱼类的一种潜泳方式。一些自由潜水爱好者可以下潜到足以让人失去意识的100米或更深。

蹦极

把你自己放飞到空中，脚上仅仅绑着一条弹力绳，然后等待再次弹起来。是不是很疯狂？第一个疯狂蹦极的人是太平洋小岛上的居民，他们把藤蔓绑在自己的脚踝上从悬崖上蹦下来。现在，蹦极跳爱好者尝试从世界各地的高大建筑物上蹦极，挑战极限。

越野滑板

天气太热不能玩滑雪了吗？那何不试试越野滑板？陆地滑板也叫越野滑板，它有四个轮子，可以在任何路况上滑行，比如草地、泥地或是水泥地……只要你能想到的地方都可以，你甚至可以用它来做陆上风筝冲浪。

滑雪板

滑雪实在是太太太刺激了……没有什么运动能比踩在滑雪板上冲下高山更能让肾上腺素飙升的了——这是一种结合了滑板、冲浪和滑雪的惊险刺激的运动。不过你可千万别愚蠢冒险，因为雪崩和大幅度的翻滚可能要了你的小命。

自由式越野自行车

自由式越野自行车看起来是一项很容易的运动，但是它对选手的力量和技巧都有很严格的要求。当选手们骑车跃上一个几乎垂直的半圆来展示他们的跳跃，或是做空中技术动作，或是炫耀他们的轮上平衡和灵活动作时，他们都在不断挑战自己的极限。快动起来吧！

跑酷

翻越围墙、攀爬建筑物，在屋顶上奔跑或是从一个障碍物跳到另一个障碍物上，只能用身体的力量帮你做到这些动作。这种极限体能运动发源于法国，被人们称为跑酷，PK或是Urban Freeflow。不管它叫什么名字，它对于生活在城市里需要快速移动的人们都是一种“低碳”的方法——它需要的唯一的燃料就是肾上腺素。

激情燃烧

这里介绍的所有极限运动都保证能带给你惊心动魄的瞬间，你会感到无比紧张，肾上腺素急速上升，心跳加快，肌肉运动加快。**警告：这些运动不适合心脏虚弱的人参加，并且必须受过专业训练。**你要了解这些运动的技巧，并且要一直遵守安全规则。

滑翔衣飞行

你可以穿上在腋下和腿间带有布质翅膀的滑翔衣，从飞机或直升机上跳下来做自由落体运动。布料伸展开后，能为你的身体带来浮力，你可以飞得像鹰一样高。不过千万别忘了打开降落伞，缓缓地降到地面。看看小鸟们眼中的世界吧！

挑战巨浪

站在冲浪板上挑战像房子一样高的巨浪，这就是所谓的冲浪。破碎的巨浪能把你卷进海里，而在下一个巨浪向你扑来之前你只有几秒钟的逃生时间。如果在三个巨浪之后你都没能露出头来，那你就该和这个世界说再见了。

旱地滑橇

想在一瞬间就滑到山脚下吗？你只要躺在一个滑橇板上，剩下的就由重力来搞定。旱地滑橇发明于20世纪70年代，是由滑雪板衍生而来的。体验这项运动的人在急速下降的途中能够达到128千米的时速，他们的身体距离地面仅有5厘米的高度。真是太惊人了！

越野摩托

欢迎来到充满刺激挑战的超动力越野摩托世界。这些骑手得有强大的体力才能支撑着控制住他们的全路况摩托车。他们能以最高时速穿越泥泞的越野车道，或是表演挑战死亡的后空翻、飞跃和经过设计极度危险的特技动作。加大油门——轰！

第一频道：伟大的逃生大师

挂满了锁的钢盒子被投进河水中，里面是被锁锁住的哈利·胡迪尼——他是20世纪初特技演员的始祖。他在三分钟内就顺利脱逃，并游到了水面上，令在场的观众都目瞪口呆。

第二频道：再挂一会儿

千万不要错过有史以来最经典的电影特技，那就是默片时代的演员哈罗德·劳埃德在影片《险象环生》中表演的镜头——在临街的一座离地很高的钟塔上，他用手吊在指针上面。这名演员自己一人独立完成了从设计到表演的所有环节。

第三频道：跳跃者

在特技之王艾伦·普里厄（1949.7.4—2007.11.8）曾经骑摩托车飞越过16辆公共汽车，还在没有携带降落伞的情况下纵身从4000米的高空中跳下。令人惋惜的是，他最后死于一场特技表演，当他从一架滑翔机跳上另一架时，跳伞未能打开。

第四频道：远距离飞跃

让我们重温一下1997年柯受良驾驶三菱运动摩托车飞跃中国黄河壶口瀑布的惊人瞬间。早在1992年这位影星和特技演员驾车飞越长城时，他就成为了各大报纸的头条人物。

第五频道：喷气飞行人

那是一只鸟吗？还是一架飞机？是伊夫斯·罗西。这名来自瑞士的飞行员在身后绑上了一架喷气式飞行翼，飞行的最高时速可以达到288千米。2008年的9月26日，他仅用了10分钟就飞越了英吉利海峡，真是难以置信。

第六频道：别往下看

你需要能够适应高空的强大精神，因为光是看着埃斯基尔·罗尼斯巴肯倒立着骑着自行车横跨1000米宽的挪威峡湾都会感到头晕目眩。勇敢者埃斯基尔在表演中所保持的极度平衡似乎是对地球引力的公然挑衅。

第七频道：城市攀登者

那个粘在窗户上的人是谁？那是喜欢攀爬摩天大楼的法国蜘蛛人艾伦·罗伯特。在办公楼里见惯了的上班族，看到这个任性的蜘蛛人都为他加油打气，鼓舞他爬上了世界上最高的大厦。

警告：小读者们请勿模仿！

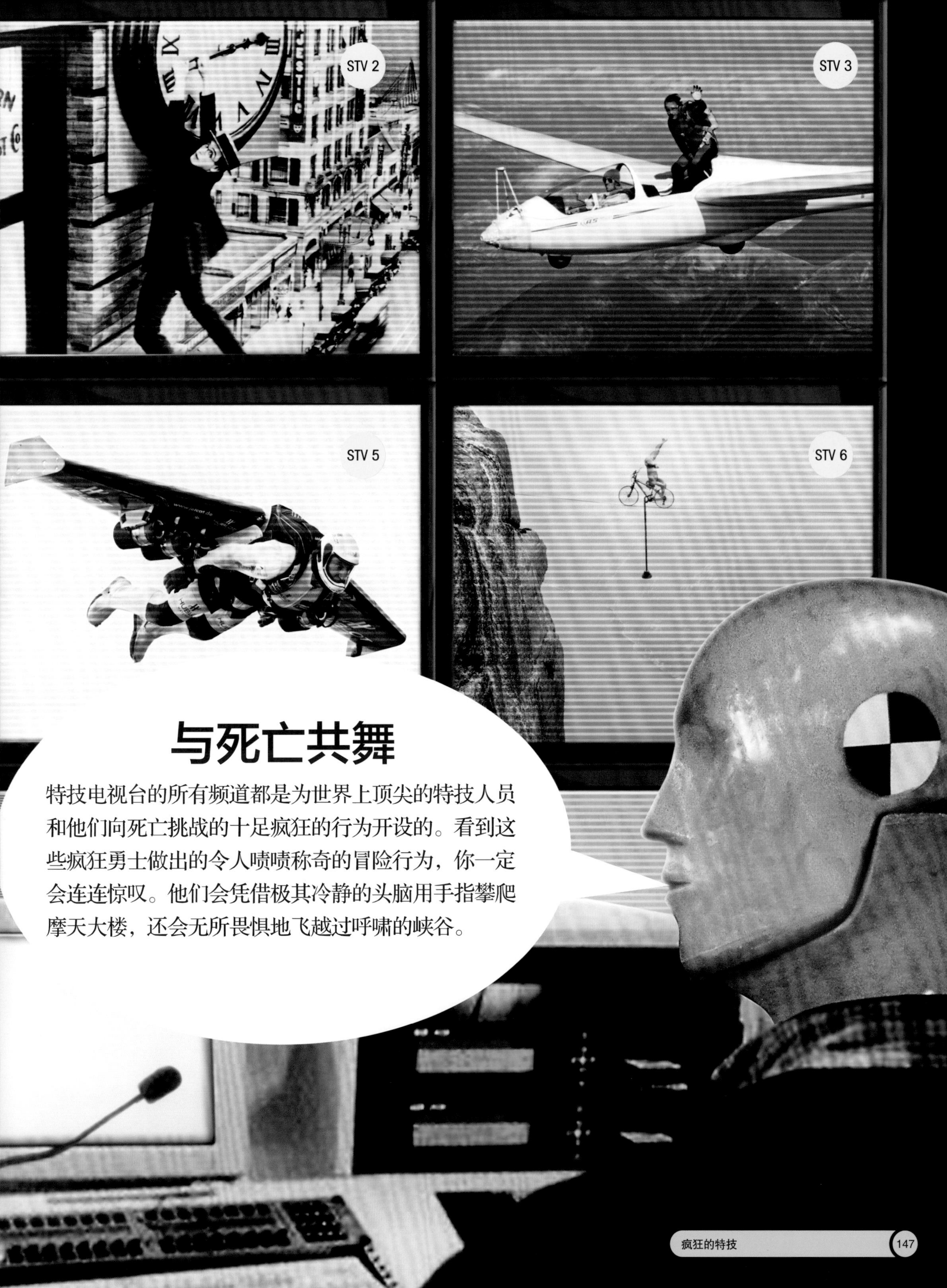

与死亡共舞

特技电视台的所有频道都是为世界上顶尖的特技人员和他们向死亡挑战的十足疯狂的行为开设的。看到这些疯狂勇士做出的令人啧啧称奇的冒险行为，你一定会连连惊叹。他们会凭借极其冷静的头脑用手指攀爬摩天大楼，还会无所畏惧地飞越过呼啸的峡谷。

菲利普·佩蒂

菲利普·佩蒂在十几岁的时候就成为了巴黎的一名街头杂耍艺人和高空走钢丝演员。一天他犯了牙疼，于是就来到口腔医院看病。在那里他产生了一个疯狂的想法。

1974年8月6日的下午，菲利普和他的团队偷偷进入了世贸中心。他们乘坐电梯来到了第104层，然后爬上了顶楼。

菲利普在接下来的六年里不断改进自己的技巧，就在世贸中心双子塔正式启用之前几天，菲利普来到了纽约。

夜晚来临，大家在双子塔之间装好了缆绳。当曼哈顿的黎明还笼罩在一片朦胧的薄雾中时，菲利普就迈出了他在这根细细的钢索上的第一步，开始了他在距地面400米的高空冒险旅程。

凭借着钢铁般的意志，菲利普走完了钢索的全程，然后他又要掉头重新走一遍。

在他脚下的大街上，上班路上的纽约人全都抬头吃惊地望着他。他们简直不敢相信自己的眼睛。

与此同时，警察已经赶到了楼顶。菲利普一见到他们就表演了一小段舞蹈……

他甚至一度躺在了绳索上。

当天空开始飘雨，菲利普就从绳索上下来了。警察立刻就把他逮捕了。

冒失鬼菲利普在一夜之间成为了一名国际英雄，他成为了最厉害的高空钢索演员。

埃维尔·尼克维尔

勇敢的摩托车手驾车飞越蛇河峡谷

天不怕地不怕的摩托车手埃维尔·尼克维尔总是驾车表演飞跃小轿车、卡车、公共汽车的玩命节目。他连自己身体里的骨头究竟断过多少根都数不过来。

他决定要驾车飞越美国爱达荷州的蛇河峡谷，用普通的摩托车是无法完成这样的表演的……

所以他建造了一个由火箭驱动的飞行器来飞跃峡谷。这将成为他表演过的最危险的特技。

飞行器被架设在一个倾斜的坡道上。之前的实验模型都没能成功穿越峡谷。

埃维尔按下了按钮，飞行器就以每小时563千米的速度冲出了斜坡。它冲向了天空。

飞行器上的降落伞过早打开，在风的推动下，飞行器掉进了200米深的峡谷中的湍急河水里。

飞行器撞到了离河岸不远的岩石上。出乎人们的意料，埃维尔自己走了出来，他只受了一点小小的外伤。

埃维尔因为这项特技获得了600万美元的奖励。几个月之后，他在伦敦温布利体育场骑车越过13辆汽车时摔断了盆骨，此后他又完成了很多特技表演，也摔断了很多的骨头。

忍耐力

你打算让你的身体尝试挑战人类忍耐力的极限，甚至超越极限吗？以下介绍的打破纪录的运动员和探险家就挑战了多项极限。

罗尔德·阿蒙森

1911年，挪威探险家利用滑雪和狗拉雪橇横穿了南极洲大陆，比英国探险家罗伯特·福尔肯·斯科特提前一天抵达了南极点。

格特鲁德·埃德尔

第一位横穿英吉利海峡的女性叫作埃德尔，她在1926年创造了14小时39分的纪录，她回到故乡纽约时受到了人们热烈的欢迎。

马丁·斯太尔

这名斯洛文尼亚游泳选手在烈日的炙烤下，以惊人的体力消耗游完了亚马孙河全程，总长度达到了令人惊讶的5431千米，期间还要面对水虎鱼、南美水蟒、短吻鳄和会钻进人肉里的寄生鱼的威胁。

杰森·刘易斯

想象一下仅仅用肌肉的力量完成环游世界的壮举该有多么艰难，但是英国的冒险家杰森·刘易斯做到了。他花了13年，骑自行车、滑旱冰、划皮划艇、骑水上单车走过了令人惊奇的74000千米游遍世界各地。他战胜了疟疾，从鳄鱼的攻击中脱险，就在快要到家时还遭遇了一场几乎威胁到生命的严重车祸，不过他最后还是顺利回来了，尽管非常疲劳。

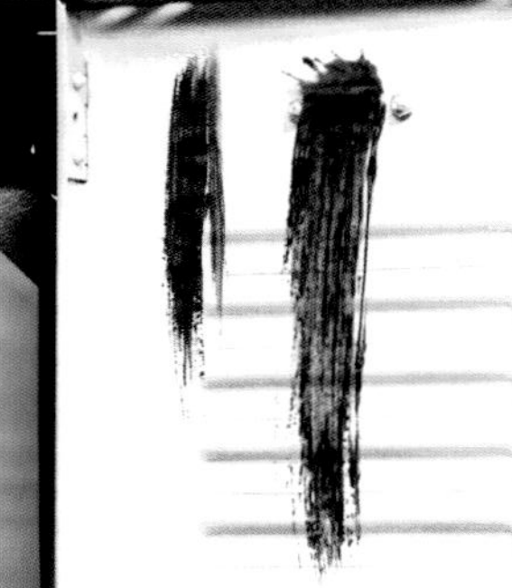

马克·艾伦

美国运动员马克·艾伦六次蝉联夏威夷铁人三项赛桂冠。这是一项考验人类体能和忍耐力的极限测试，参赛者先要完成一段长距离的户外游泳项目，然后要完成180千米的自行车比赛，最后还要跑完49千米的马拉松长跑。只是想想都会觉得累。

托马斯·都德

爬楼比赛是一项攀爬摩天大楼楼梯的比赛。2010年，德国人托马斯·都德耗时10分钟爬完了86层（1576阶台阶），连续成为了帝国大厦爬楼比赛的第15届冠军。

大卫·汉普雷曼·亚当斯

这名坚韧不拔的英国探险家已经分别成功到达地理和地球磁场的北极、南极，并完成了七大山峰的“大满贯”——攀登上了各大洲大陆的最高峰。即使如此他也并没有感到满足，他后来又创下了乘热气球到达9906米高空的最高纪录。

爱伦·麦克阿瑟

英国女游艇航海家爱伦·麦克阿瑟在2005年创下了单人驾船不停航环游世界的最快纪录。在长达43000千米，耗时71天的长途冒险中，狂风巨浪无时无刻不在考验她的技术。英国女皇伊莉莎白二世肯定了她的成绩，在她回到英国时授予她女爵士的荣誉头衔。

三浦佑一郎

1970年，日本登山家三浦佑一郎成为第一个从珠穆朗玛峰上滑雪下山的人。他在一开始的2分钟内下降了2011米，接下来又继续下降了402米直到停下来。2008年，他在75岁高龄时又成功登顶珠穆朗玛峰，他还宣布会在自己80岁的时候登顶庆祝自己的生日。

疯狂的节日

离你不远的地方，此时此刻人们也许正在庆祝一个节日。为何不加入疯狂混乱的人群？从吓人的鬼怪到登高台比赛，从食物大战到疯狂的勇气测试，这些节日是释放压力的最佳良方——在这组织有序的混战中也会有一丝丝的危险。每当节日结束，生活会变得更加安全，也更加平淡。不过，下次节日还会如此精彩。

投石节

每一年，来自印度北部中央邦的两个小村子的村民会在一条河的两岸站成排，遥遥相对，并向对方扔石头。这样做是为了让对方的村民无法把旗子插在河流中点的高坡上。

圣约翰节

在波兰、乌克兰和俄罗斯，跳火节就是圣约翰节（每年的7月7日）。参加节日活动的人们会在火焰上跳来跳去，据说这项仪式能够净化身体和心灵，还能带来好运。打水仗也是节日乐趣之一，当地人都十分喜欢参加这些节日的活动。

潘普洛纳奔牛节

这是一次真正的冒险，西班牙的潘普洛纳的年轻公牛穿过小镇进入斗牛场，将圣费尔明节推向高潮。如果你足够勇敢，当公牛闯进狭窄的街道时，你可以跑到它们的前面。当心，如果你绊倒了，就有可能被公牛撞伤，甚至有被踩死的危险。

滚奶酪节

在英格兰的格洛斯特郡，这个疯狂的年度盛会已经举办了两百多年了。人们把一块圆奶酪从斜坡顶上滚下去，参赛者跟着它在后面跑，大多数人到达终点时都与大家撞作一团，撞断骨头或是撞疼脑袋是家常便饭，但是幸运的赢家有机会留下这块奶酪。我爱奶酪！

橘子大战

意大利的艾维利小镇每年都会举办橘子节，当地的人们会穿上中世纪的服装，互相投掷橘子。他们这么做是为了纪念一场发生在1194年的斗争，当时整个镇子的居民奋起反抗一名坏心肠的公爵，就把豆子都倒在了街道上。从那时开始，扔橘子大战就开始成为一项传统！

跨婴儿节

在西班牙一个名叫卡斯特里略穆尔西亚的小镇上，成年男性装扮成魔鬼跳过成排摆放在街道上的婴儿，这种仪式是为了保佑婴儿远离恶灵的侵袭。这项常规性的仪式在宗教节日基督圣体节期间举办，它的历史可以追溯到17世纪。

泼水节

世界上最大的泼水节当属泰国的泼水节。为了庆祝宋干节（傣族的新年，四月中旬），人们用水龙头、水球和水枪把水泼向经过的车辆和行人。所有的人最后都像落汤鸡一样，但是由于气温高达40摄氏度——也就是一年里旱季最热的时间——没有人会在乎！

如何在恐怖电影中求生

在恐怖电影中，每个转角都潜藏着危机，难道你不想找到一些方法来阻止人们一遍又一遍地犯下相同错误？我们举办了一场将恐怖电影变成没有危险的活动，我们特意制作了这些指示卡，保证所有参与其中的人到活动结束都毫发无伤。

1 什么不能说……

2 在一个陌生的屋子里不要做这些事……

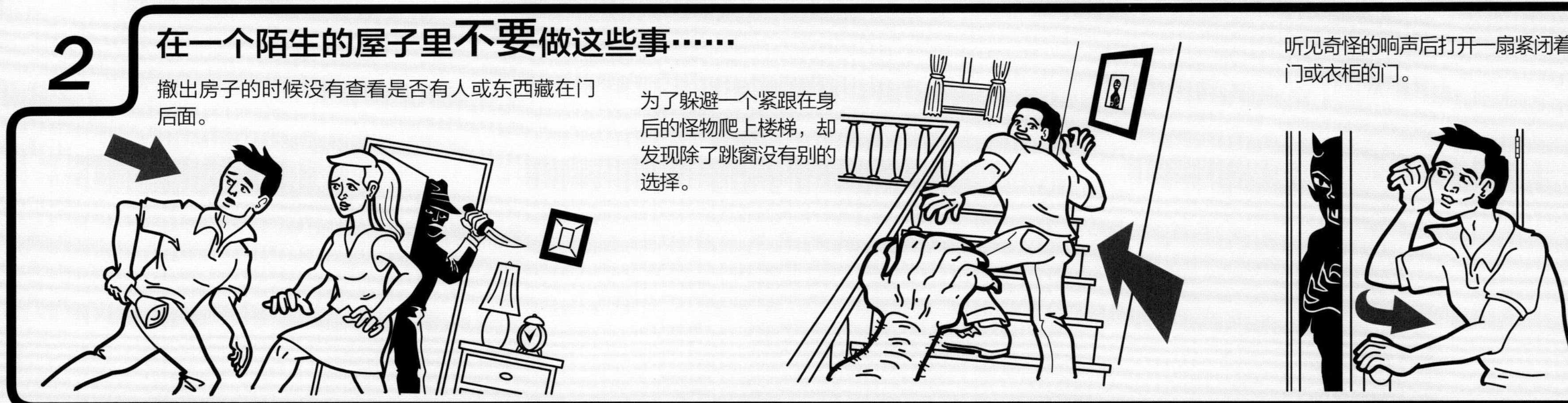

撤出房子的时候没有查看是否有人或东西藏在门后面。

为了躲避一个紧跟在身后的怪物爬上楼梯，却发现除了跳窗没有别的选择。

听见奇怪的响声后打开一扇紧闭着的门或衣柜的门。

3

千万别在墓地的边上安家。

4

千万不要闯进坟墓或墓地。

5

千万千万不要接听路边的公用电话。

6 在外面的时候不要做这些事……

在夜里听见一声奇怪的吠声想要去一探究竟。因为觉得那可能是狼人在叫！

想要在一片森林里露营，就因为它有一个奇怪的名字——forest of death（死亡森林）。

在一个荒废的小镇里闲逛。街道空无一人总有原因。记住这个暗示，只要一有机会就赶紧逃出去。

7

小心戴着面具的人，尤其是小丑。

8

记住，不管你跑得有多快，怪物都不会被你落下多远——你肯定会摔倒至少一次，或两次……

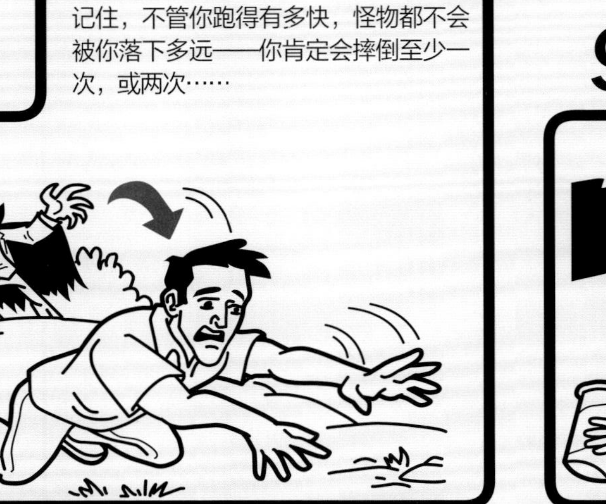

9

身处恐怖电影中，千万不要观看恐怖电影。

自由下落

一个巨大而空旷的地方搭着脚手架，你就在上面，努力保持身体的平衡，你无法向下看，但是下一分钟，你就掉下去了……或是，你正沿着悬崖跑，突然脚下的路没有了，哦，天哪！你掉下去了……噩梦！自由下落是人们经常做的一种噩梦，这反映了人缺乏安全感，并觉得生活中缺少坚实的基础。不过谢天谢地，你在着地之前醒过来了！

你跑不了啦！

腿软得像果冻一样，心也在扑通扑通地猛跳，这时的你正在拼命地逃跑，因为怪物就在你身后，它腥热的口气正拂动着你后脖颈上的头发。这种讨人厌的噩梦本身就已经够紧张的了，但它不失是一种让你释放白天的压力的方法。

把我放出去！

如果你在现实生活中对某件事犹豫不决，你在做梦时就可能会梦到自己被幽禁在一个地方，比如铁笼或者上了锁的房子里，不能逃出来或者正在大声呼救。如果一些人经常做这样的梦，那么他们可能是感觉到与别人的关系变僵了或是工作遇到难题一筹莫展。

恐怖的牙齿

你有没有梦到过你的牙齿全碎了，或者是成堆地掉在地上？许多人都做过这样的梦。它可能意味着你觉得很愤怒，如果你在梦中紧咬牙关可能说明你十分在意别人对你的看法。但是，也有可能是你该去看看牙医了。

危险驾驶

你正驾驶着一辆车，车速快得失控，情势极其危险，你无法踩刹车也不能握住方向盘，这个梦简直要把你搞疯了。但是，奇怪的是，你可能根本就不会开车。心理学家认为，这种噩梦是由于做梦的人无法在现实生活中掌控某件事而导致的。

灾难剧情

真是一场可怕的灾难啊！你已经闯进了一个战乱地区，流弹就在你的身边飞来飞去，或建筑物正在纷纷倒塌，或是你就要被身后的洪水所吞没，或是困在了熊熊的烈焰中……这是最吓人的一种梦了。它让你在吓醒之后很长一段时间都会身体颤抖，恐怖和迫在眉睫的死亡感觉久久挥之不去，这反映你在一些个人问题上感到出离愤怒。

恐惧全在你脑中

在你潜意识的黑暗深处隐藏着什么样的恐惧？在清醒的几个小时里，一些吓人的恐怖的事情折磨你，而在你睡着的时候，还有可怕的噩梦搅乱你的安眠。祝你好梦……

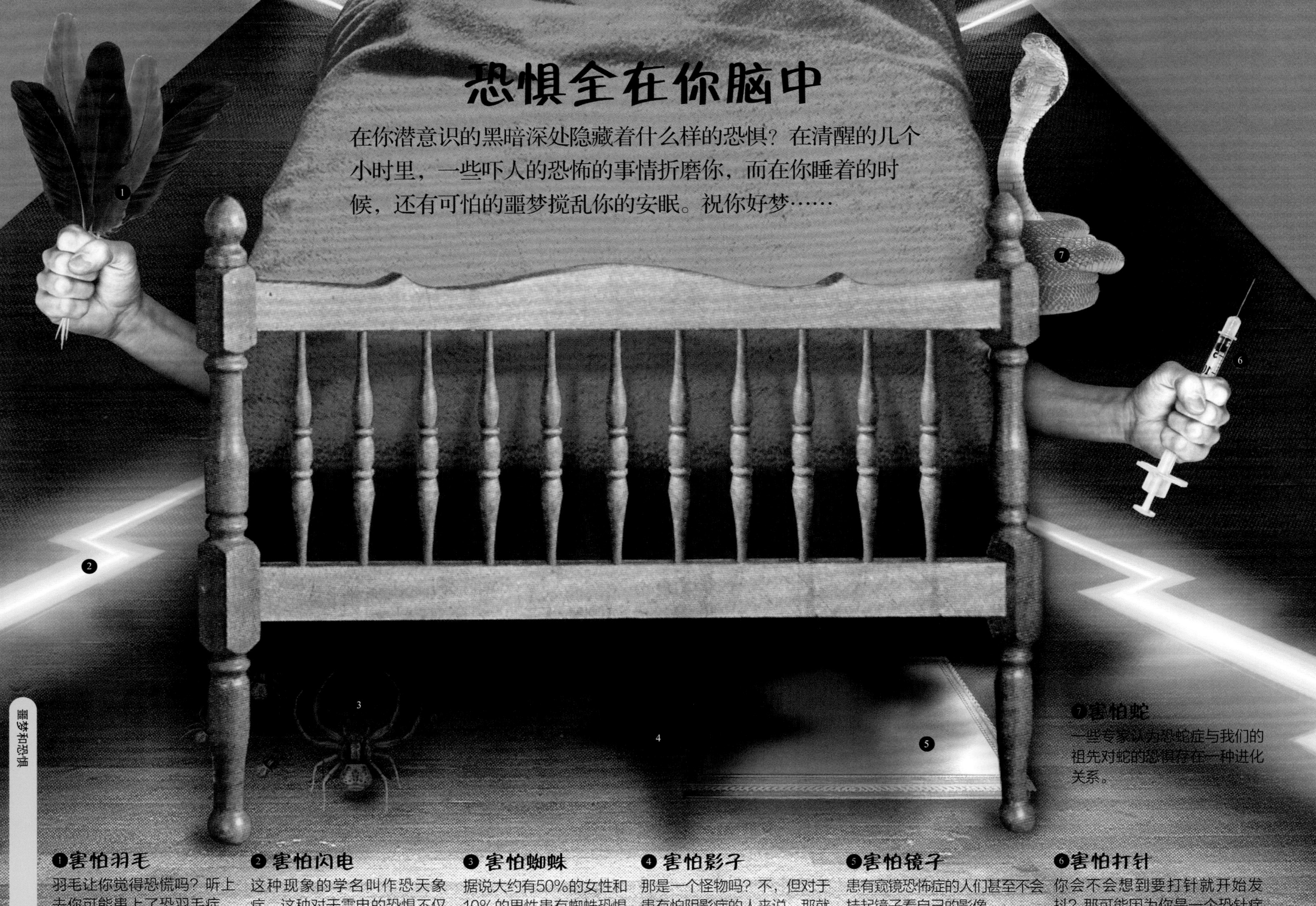

⑦害怕蛇

一些专家认为恐蛇症与我们的祖先对蛇的恐惧存在一种进化关系。

①害怕羽毛

羽毛让你觉得恐慌吗？听上去你可能患上了恐羽毛症。赶紧离鸟类远一点！

②害怕闪电

这种现象的学名叫作恐天象症，这种对于雷电的恐惧不仅影响人类，也会影响动物。

③害怕蜘蛛

据说大约有50%的女性和10%的男性患有蜘蛛恐惧症。

④害怕影子

那是一个怪物吗？不，但对于患有怕阴影症的人来说，那就是一个怪物！

⑤害怕镜子

患有窥镜恐怖症的人们甚至不会挂起镜子看自己的影像。

⑥害怕打针

你会不会想到要打针就开始发抖？那可能因为你是一个恐针症患者。

第七章　历史上的各种危险
你觉得现在一切都很可怕？那你真该看看历史上那些发生
在我们祖先身上的恐怖的事情吧。残暴的统治者完全不把
死亡和毁灭看在眼里，外科手术致命大于治病，撕裂脚趾
的酷刑是最好的审问方法。从剑齿虎到五花八门的杀手，
生活在古代实在很痛苦。

第3区：中世纪的日本

与忍者对战考验你的生存技巧吧——他们是接受过严格训练的杀手，擅长伪装和秘密跟踪敌人并把他们消灭掉。他们的特殊武器有流星镖（一种星形的飞刀）和各种忍者刀。令人惊奇的是，他们还能够攀爬建筑和树木，从天而降杀死目标。

第4区：西班牙海域

在这一区域，你要与来自加勒比的海盗对战。像海盗亨利·摩根、黑胡子和基德船长这样的暴徒会跟踪载满金条的西班牙船只。你的目标就是防止自己变成海盗的俘虏。破釜沉舟与他们决战吧！

第2区：欧洲的黑暗时代

下一个敌人是维京人。这些来自斯堪的纳维亚半岛的凶猛武士，驾着他们的帆船沿着欧洲西部的海岸和河流烧杀抢掠，所到之处满目疮痍。你要做好心理准备——这些挥舞着战斧、善打硬仗的武士太狂暴了，他们兽性大发时甚至到了毫无疼痛感觉的地步。真够吓人的！

第1区：罗马帝国

你的对手是匈奴人，他们是从中亚来袭的骑在马背上的弓箭手，破坏了农田和村庄，恐怖的气息传遍了整个罗马帝国。当心——这些野蛮人的长相非常吓人，让他们看起来更加凶残。他们那可怕的首领就是匈奴王。一旦擒住了匈奴王，他们的进攻就会不攻自破。

杀手游戏

这个游戏分为8个时间区，每区都由一群生活在这个历史时期残暴狡猾的杀手们控制着。你的目标就是不断改进你的防御策略，以智取胜并打败他们。沿途有许多求生指南，记得学会它们。你需要各种不同的技巧才能安全通过各个区域，祝你好运！

1. 匈奴

2. 维京人

第5区：19世纪的印度

你要试着跟踪这批印度强盗，他们崇拜抢劫和野蛮杀戮的象征——毁灭女神卡莉。首先，他们会混进商队里，然后当夜幕降临的时候他们就悄悄地来到这些熟睡的商人旁边，围上一条围巾，勒死他们。

第6区：澳大利亚的荒野

准备好与澳大利亚的丛林逃犯开战吧！这些逃犯因为偷盗家畜、抢劫银行、袭击旅客而被通缉，他们就隐藏在澳大利亚的荒野里。他们当中最臭名昭著的就是奈得·凯利，他身穿铁甲还随身携带了一把铁锤，出逃时杀死了三名警官。

第7区：维多利亚时代的伦敦

你造访充满危险的伦敦最阴暗的角落，在阴郁的迷雾里躲藏着可怕的绞杀手。这些冷血的恶棍会从背后袭击路人，悄悄地用细细的金属丝或绳索勒住他们的脖子，把他们打晕，并抢走他们口袋里的财物。怪不得当地的《笨拙》杂志建议伦敦居民穿上有尖刺的铁脖套自保！

第8区：美国大西部

要在这里生存，你就必须学会迅速拔出手枪。在这里你会碰上混乱开枪的西部枪手的枪战。这群坏人喜欢抢劫火车和银行，并逃脱警长或其他执法人员的追捕。在这些亦正亦邪的人中，你会碰上充满传奇色彩的亡命之徒比利小子、火车大盗杰斯·詹姆斯和从马贼变成警察的怀特·伊尔普。准备好开枪吧！

选择杀手和战场

3.忍者

4.海盗

5.印度强盗

6.丛林逃犯

7.绞杀强盗

8.西部枪手

最臭名昭著的谋杀案

嗨，嗨，嗨——海边究竟发生了什么？看起来一些非常可疑的人已经找到办法，来参加我们的木偶表演了。你们可别被这些木偶愚弄了，这些女孩们和男孩们——他们全都是臭名昭著的谋杀犯。你能帮助警察先生和鳄鱼把他们送进监狱吗？那样做才对！

神秘男人

笨手笨脚的警察都没法抓到行踪不定的强奸犯杰克，这个在1888年的伦敦街头煤油街灯下徘徊的臭名昭著的连环杀手，他用刀捅死女性受害者，而他的身份至今仍是个谜。

狠心的母亲

1892年，阿根廷的一位名叫弗朗塞斯卡·罗哈斯的母亲为了能跟她的男友结婚，亲手用木棒将自己的两名幼子击打致死。当门上的血手印被认定是她本人的指纹后，她才招认了自己的全部恶行——这也是人类历史上法医学的第一次应用。、

斧头杀手

一个炎热的夏日，住在美国马萨诸塞州福尔里弗虔诚的基督教徒利兹·博登用斧头残酷地谋杀了她的继母和父亲。1892年，在陪审团宣布她无罪后，她侥幸地逃脱了处罚。

死神医生

令人毛骨悚然的克里平医生给他的妻子注射了一针死亡毒针，然后分尸并将尸体掩埋了起来，准备和他的女友逃往加拿大。他乘坐的轮船船长通知了警方，警察等他下船的那一刻就抓住了他。

死亡之吻

1914年，一个名叫贝拉的男人去参加战争了。他走后，他的邻居投诉他家后院储存的大油桶常常发出阵阵恶臭。他们把油桶打开后在里面发现了24具腐烂了的女性尸体。原来贝拉通过报纸上的广告来吸引他的受害人。

雌雄大盗

伯尼·帕克和克莱德·巴罗在20世纪30年代展开了一场横跨美国的抢劫狂欢。这对卑鄙的雌雄大盗可不是闹着玩的——他们枪杀了13个人，其中包括9名警察，最后他们死在了警察的枪林弹雨中。

战争武器

从石器时代起，我们的祖先就学会用火石棒击打对方的头部，从此战场就变成了一个极端危险的地方。随着时代的不断演进，人们使用的武器威力越来越大，也越来越具有杀伤性。但究竟哪一个是最厉害的武器呢？

战车

在大约公元前1500年左右，古代埃及人和希泰族人在对战时使用的是质量较轻的两轮战车。每辆马车由数匹马拉动，非常灵活，车上载着一名车夫和一名弓箭手，弓箭手有一柄短弓，可以攻击下方的敌人。

大炮

公元900年，中国人发明了火药，战争发生了改变。大炮是非常重的枪，用木头作为底托可以向目标发射石头和炮弹（能爆炸的飞弹），自1400年以来就在欧洲大陆广泛传播，自此战争就比以前变得更加血腥了。

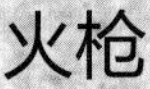

火枪

17世纪晚期到1850年，人们大量使用火枪。它能发射铁珠弹，在枪管的头上还有一把刺刀。战士们可以先用火枪向敌人开一次火，然后用刺刀刺向敌人。

短剑

罗马军团士兵的这种短剑，是一种可怕的武器，在激战正酣时，战士们可以用它砍、削、刺、捅敌人。罗马士兵还会在上战场的时候带上长矛和匕首。

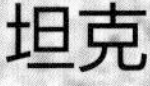

坦克

这种重型装甲坦克是在第二次世界大战期间成为一种战争武器的。它装配了履带，能够适应各种地形，上边还有一个可以旋转的炮塔，建造它的目的是为了能向前进并冲破敌人的防线。

三层桨座战船

这种行进速度极快的战船的发明者是古希腊人。船的动力来自于三排坐在板凳上的划手，一排位于另一排之上。一个包裹着金属铜的攻击锤从船弓的前方伸出来，人们把它叫作“铁嘴”，它是用来撞击敌人的船，让他们沉入海里。

战斗机

当空战第一次在第一次世界大战中发生时，航空事业还处于起步阶段。战斗机配备有机关枪，可以精确地把握时间，在螺旋桨空隙间开火。而飞行员在空中与敌人开展一对一的决战简直就是在与死亡共舞。

毒气

第一次世界大战见证了这种恐怖的新武器的应用——毒气。可以引起严重皮肤灼伤、导致双目失明的化学物质（例如氯气、光气和芥子气等）被释放到敌人的营地，如果士兵没有佩戴防毒面具，在他吸进这些气体后，毒气就会攻击他的肺部。

狼牙棒

中世纪的骑士在冲进战场时会使用一把狼牙棒。这种武器有一个非常重的铁质的头，以及一根木制的手柄。狼牙棒的一击非常厉害，可以击穿盔甲和锁子甲。

弩

人们第一次使用弩的记录发生在2500年前的亚洲，这种手持的弩是中世纪晚期欧洲战场上最厉害的杀人武器。它射出的铁箭力气大得惊人，能在180米开外刺中骑士的盔甲。

1914年，波斯尼亚还是奥匈帝国的一部分领土，许多波斯尼亚人认为这片土地应该属于塞尔维亚。

在塞尔维亚秘密成立的恐怖分子集团酝酿了一场刺杀行动，目标就是此次前来波斯尼亚首都萨拉热窝访问的奥匈帝国下一任皇帝弗朗茨·斐迪南大公。

1914年6月28日，弗朗茨大公在他的妻子索菲亚的陪伴下正准备乘车驶过萨拉热窝的街道。7位准备实施暗杀行动的成员站到了车辆将经过道路两旁的人群中，每个人都携带了一把手枪和数枚手榴弹。

突然，当车队缓缓驶过……

……灾难发生了！

汽车司机看到了迎面投来的手榴弹，并及时踩住了刹车。

手榴弹弹到了汽车后部的轮底下并发生爆炸，导致数人受伤。

弗兰茨·斐迪南看到迎接他的官员以后大发雷霆。

他取消了下午视察军队的行程，改为去医院探访受伤的群众。

没有人告诉司机行程发生了变化，所以他在一条窄巷子里调错了车头。恰巧被一名正从街角经过的暗杀者——20岁的学生加夫里洛·普林西普遇见。

当车停下来调头驶出街巷的时候，普林西普冲向了它，并扣动了扳机。

一颗子弹击中了弗兰茨·斐迪南大公的颈部，另外几颗则击中了索菲亚的腹部。两个人都在几分钟内死去。

普林西普想要吞服氰化物自杀，但是未能成功，他转而用枪自杀。但是愤怒的群众将他打倒在地。他接受了审判，但是由于太年轻而未能受到死刑的裁决。在入狱后的第三年，他就因为一种致命的疾病死去了——结核。

这场刺杀大公的行动把欧洲推向了战争：奥匈帝国向塞尔维亚宣战，俄国则支持塞尔维亚，德国支持奥匈帝国。法国和英国站在了俄国一边。到了1914年8月，第一次世界大战正式开始。

尽管大多数人都认为这场战争会在几个月内结束，但是战争持续了可怕的四年之久。

1918年11月战争结束时，已经有1000万士兵和600万平民死亡。

宗教神秘主义者格里高利·拉斯普京宣称自己拥有可以治愈人们的疾病的神力，他的敌人说他是个诈骗犯。但是俄国的沙皇和皇后相信他能够救他们的孩子——阿列克谢皇储的命，他得的是血友病（流血不止），因此他们把拉斯普京当作可以亲近的人。

1914年，俄国加入了第一次世界大战对抗奥匈帝国和德国。沙皇尼古拉二世亲自带领俄国军队参战，把皇后和他的四名公主以及小阿列克谢留在了圣彼得堡。

此时，拉斯普京与皇室家族越来越亲近了。

战争形势对俄国十分不利，许多人都责怪拥有德国血统的皇后和她的亲密朋友以及顾问拉斯普京。

四名贵族在菲利克斯·尤苏波夫王子的带领下，决定采取行动除掉拉斯普京。

尤苏波夫邀请拉斯普京来他的宫殿共进宵夜。他给拉斯普京的点心和红酒下了氰化物剧毒，并小心不让自己中毒。

两小时后，拉斯普京还活着。尤苏波夫简直不敢相信自己的眼睛。他离开房间和其他的同谋者商量后，拿着一把装满子弹的枪回来了。

尤苏波夫确信这次拉斯普京肯定死了。

但当他弯下腰查看的时候，这个神棍忽然睁开眼瞪着他。

拉斯普京向庭院冲出去，想要谋杀他的人跟着跑了出来。他们又朝他开了两枪，直到他倒下，同时还击打他的头部。

这群人把拉斯普京的尸体带到了冰冻的涅瓦河边，并把他扔进了一个冰窟窿里。

三天后，他的尸体浮了上来。尸检报告称这个倒霉的神棍是溺水而亡的。

1917年，共产主义革命把尼古拉二世赶下了皇帝的宝座。布尔什维克党的领导人弗拉基米尔·列宁成为了这个国家的新领袖。

恐怖手术

欢迎来到恐怖小屋，这里的每一个房间都在进行一场恐怖的外科手术。人类在19世纪才发明了麻醉剂，在此之前任何要在人们身体上动刀子的手术都是非常疼痛的，因此医生都会把手术时间尽量缩短。即使是在20世纪，既可怕又无用的用冰锥实行脑叶切开术也是十分常见的。

① 脑袋上的洞

你需要从偏头痛或者抑郁中解脱出来吗？那你应该试试这种从石器时代就有的手术。环钻术就是用一个火石工具在人的头盖骨上开一个洞，好让在人们脑子里作怪的“魔鬼”跑出来。

② 截肢手术

一切准备就绪，病人也被固定好了，医生已经准备好要为病人截掉病肢了。手术会非常疼，但它仅仅用几分钟就能把胳膊切下来。如果失血不多，并且伤口没有受到感染，那么他的病人就可能活下来。

③ 新牙

坐在椅子上的这名男子长了可怕的蛀牙，这全都是因为他吃了18世纪新研制出来的一种产品——精制砂糖惹的祸。他的牙医正要把坏掉的牙齿拔出来，并用绞死的犯人或是死去的穷人的牙齿来给他镶一颗“新牙”。当然出这种移植不但不会成功，还会给患者带来疾病。

④ 放血

这位不幸的女士正在做一个放血的手术。为什么？那是因为当时的人们认为一些疾病是由于身体里的血液“过多”而引起的。而治疗的方法就是放血——用锋利的刀子割破静脉，把过多的血液放出来。

⑥ 烧伤缝合法

战场上的伤员总是身负重伤。在早先，战场上的外科手术中，医生会用热油来烫伤伤口阻止出血。后来，人们就开始采取一种更加先进的方式，用烫红了的烙铁来封闭伤口。这时你有可能会听到“嘶嘶”的声音！

⑤ 膀胱结石排出

这位病人的膀胱里长了一个硬硬的结石，疼得不得了。让我们祈祷他的医生能有像18世纪著名的外科手术医生威廉·切泽尔登一样的医术，因为他只用短短45秒就能把刀子深入膀胱取出结石。

⑦ 碎冰锥前脑叶白质切除术

1930年起，这一可怕的“前脑叶白质切除术”的手术就被应用于精神疾病的治疗中。手术医生会将这把冰锥刺进病人的眼窝后部并深入脑中，希望通过这种治疗方法来改变病人的行为。但这有可能让他们彻底疯掉！

致命的解药

用假药四处招摇撞骗、诈骗钱财的人被人们叫作“庸医”。尽管他们治病的方法不一定致死，但是这些庸医的治疗方法也够危险的，经常让病情变得更加严重。他们的药方和诊治方式实在是毫无用处，完全不能治病。下边就有几个有毒的药方和荒唐的疗法。

蟾蜍疗法

当14世纪黑死病肆虐欧洲，夺走数百万人的生命时，人们尝试了各种各样奇怪的疗法都没能奏效。比如，有人用蟾蜍干贴到因黑死病长出的脓疮上好把“脓吸出来”，还有饮用蛋壳和蛋壳的混合液的偏方。

再也不疼了

鸦片是从罂粟花里提炼出来的。把鸦片溶在酒里面当作止痛剂或安眠药在维多利亚时代非常受欢迎。人们花了不少时间才明白鸦片非常危险容易成瘾。于是在1928年，使用鸦片在英国成为违法行为。

“万灵药”

18世纪的庸医乔舒亚·沃德发明了沃德药片和沃德滴剂，为他赚得无数财富。这种药由多种有毒物质制成，对人体非常有害，当人们服用它以后会剧烈流汗来让身体排出这些毒素。

汞的威胁

1780年到1850年是英国的第一次工业革命时期，也是所谓的“英雄疗法”时代，这时的医生使用了许多激进而又危险的治疗方法。其中一种方法就是用氯化亚汞（甘汞）来让病人排毒。可悲的是，这也让病人失去了牙齿和头发，发生溃疡，甚至死亡。

抽烟治病

在18世纪，人们认为烟草燃烧产生的兴奋剂作用具有一种特殊的用途。医生用一种特殊的方式将烟吹进那些显然已经因溺水而死亡的人的直肠里，据说这样可以让他们复活。

好烫啊！

18至19世纪的医生相信，如果人们体内发炎引起疾病，那么让表面皮肤发烫就能带走“皮肤下的疾病”。让皮肤发热的办法就是将非常烫的物质绑到皮肤上，弄出开放性溃疡或水泡。

“毒”家秘方

在18世纪的英国有一名庸医，名叫乔安娜·斯蒂芬斯，她用一种混合物去除膀胱结石。这种混合物里放了蜗牛、草药，还有肥皂，当然它一点作用都没有。尽管这样，英国政府还是给了乔安娜一大笔钱来获得这个秘方。

治病还是杀人？

20世纪早期，在今天看来十分危险的放射性物质，被当时的人们奉为新鲜事物。有些庸医甚至把放射性物质当作药物贩售。其中最为恶名昭彰的就是含有高浓缩镭的专利药物“Radither”，它造成一名病人因放射性毒害而死亡。

历史上最危险的职业

排成一队乘公车对某些人十分有好处——因为这里有人类历史上最糟糕的工作。他们排着队不是等着被枪杀，就是被暴露在传染性疾病中，或是生命受到威胁、随时有缺胳膊少腿的可能性，也可能是屁股挨顿板子，为的只是挣点糊口钱。那么，他们的事业有什么前途呢？如果能活着熬到退休的那天，他们中的很多人就该感谢上帝了。

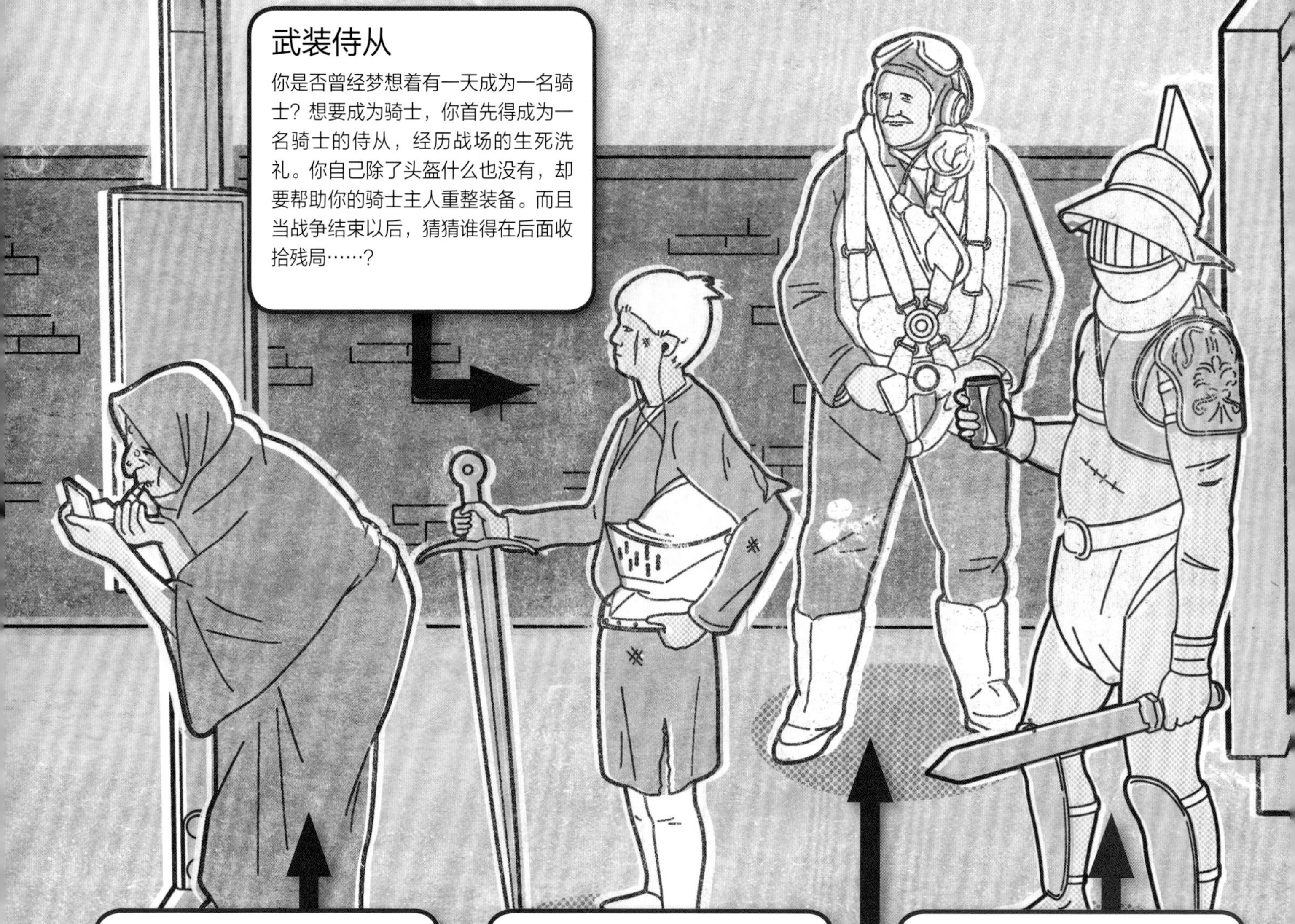

公车站

武装侍从

你是否曾经梦想着有一天成为一名骑士？想要成为骑士，你首先得成为一名骑士的侍从，经历战场的生死洗礼。你自己除了头盔什么也没有，却要帮助你的骑士主人重整装备。而且当战争结束以后，猜猜谁得在后面收拾残局……？

死亡搜寻者

站在最前面的是一位老妇人，她来自17世纪的欧洲，当时瘟疫横行，而她便是“死尸检查员”的最佳人选。做这项工作，拥有一双能够发现瘟疫感染者的眼睛是必备条件。然而，这项工作非常危险，因为她很容易会感染这种致命的疾病。

兰开斯特枪手

这架轻型装甲飞机——兰开斯特轰炸机每晚都在枪林弹雨中飞行，飞机尾部小小的机舱里蜷缩着枪手，他们要活下来真不是件容易的事儿。第二次世界大战时，据说这种英国轰炸机的机尾射手一般只能完成五次任务。

罗马角斗士

尽管一些古罗马角斗士非常有名，但大多数角斗士都是被迫与那些嗜血成性的野兽搏斗的可怜奴隶。即使他们没有在竞技场的较量中败北，也没有死于伤病，也会被刽子手杀死。

替罪羊

时间回到英格兰的都铎王朝，当时只有皇帝才能惩罚皇室的孩子。教师为了管束这些孩子只能惩罚他们的陪读，陪读唯一的任务就是帮皇室的孩子挨所有的巴掌。受罚时屁股可真疼啊。

宫廷女侍

在中世纪的印度，公主的宫廷女侍生活非常舒适。不过当她的男主人死去，好日子就到头了。那时，他的妻子和他们所有的仆人都会被扔进着火的坟堆，在极乐世界陪伴他。不过这下她倒是不怕失业了。

皇家食物品尝员

尽管在你的头衔里可能有“皇家”的字眼，但接受这项皇家食物品尝员的工作简直就是一个天大的蠢事。历史上君王们雇用这些人品尝食物，以防有人在食物中下毒。做这项工作，每一顿饭都有可能是你的最后一餐。

爆破手的助手

在英格兰内战时期，被称作“攻城炸药箱”的小型炸药经常用于炸开墙壁或防御工事。但是首先，必须得有人把炸药安置在墙壁或防御工事上。勇敢的爆破手助手冲上前去，冒着枪林弹雨完成这项艰巨的任务……不过前提是炸药箱不会先把他炸飞。

这些是最危险的时代吗?

生存问题从古至今就是一件危机重重的事情。疾病、饥荒、战争、火灾、洪水或地震可能在一瞬间就夺走人们的生命。几个世纪以来全球人类的平均寿命一直在缓慢地增长，尽管各地的增长速度不同。让我们追溯人类的生命线，在不同的历史时期探索人类发展的心电图上每一个威胁人类生存的事件。

古典时代（中古世纪）公元前600年—公元400年

这一时期的战争越来越残酷艰险，希腊人不去攻打波斯人，却总是自相残杀，而罗马人会随时挑起对任何人的战争。战舰上的划船手和角斗士所从事的职业决定了他们都是短命的人。不过从好的一面看，希腊人善于制药，而罗马人非常重视清洁。

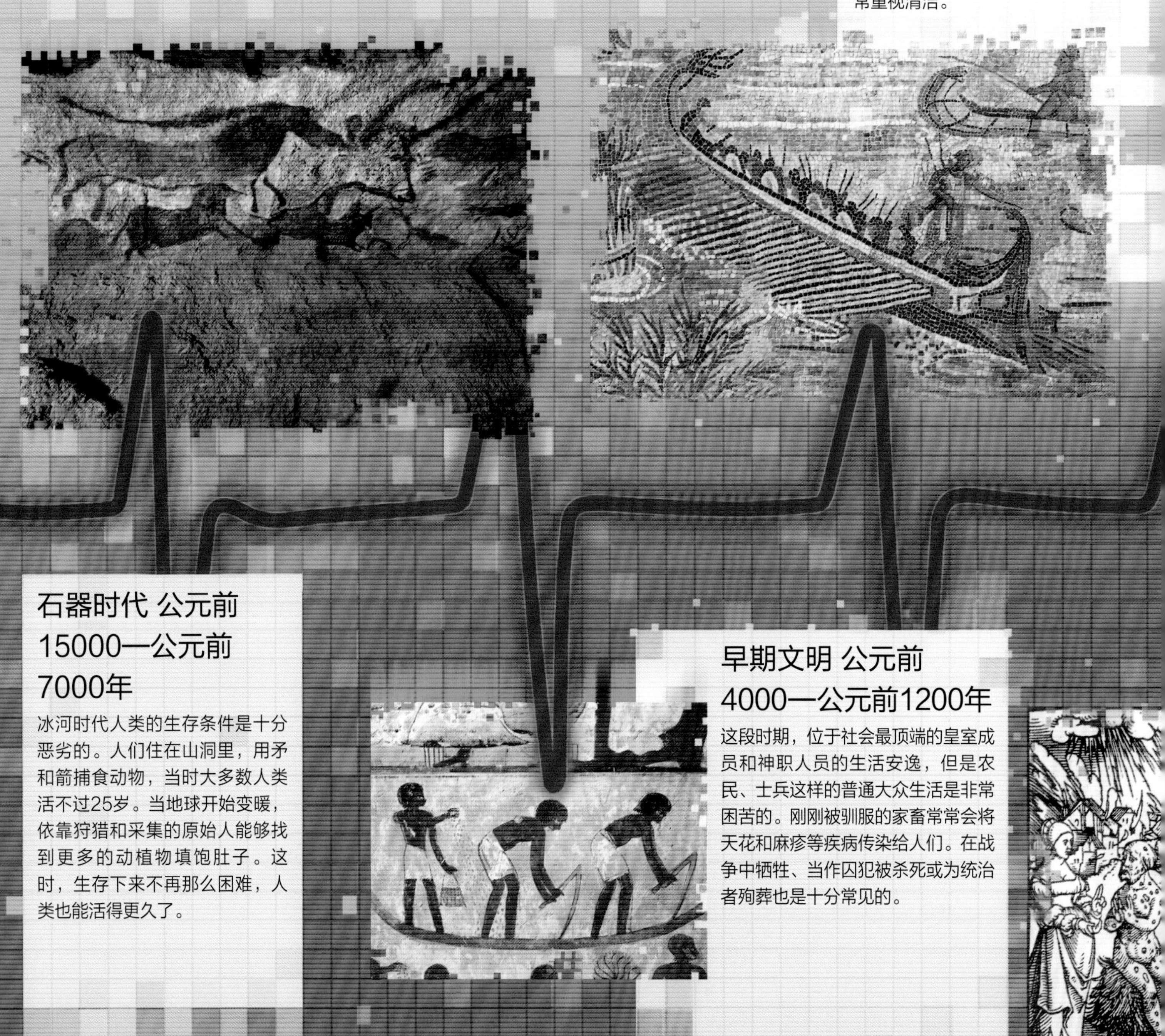

石器时代 公元前15000—公元前7000年

冰河时代人类的生存条件是十分恶劣的。人们住在山洞里，用矛和箭捕食动物，当时大多数人类活不过25岁。当地球开始变暖，依靠狩猎和采集的原始人能够找到更多的动植物填饱肚子。这时，生存下来不再那么困难，人类也能活得更久了。

早期文明 公元前4000—公元前1200年

这段时期，位于社会最顶端的皇室成员和神职人员的生活安逸，但是农民、士兵这样的普通大众生活是非常困苦的。刚刚被驯服的家畜常常会将天花和麻疹等疾病传染给人们。在战争中牺牲、当作囚犯被杀死或为统治者殉葬也是十分常见的。

地理大发现时代 公元1500年—公元1750年

欧洲人把火枪和疾病传遍全世界，同时也建立起了贸易帝国和殖民地。他们奴役落后国家的人民，进行无耻的人口交易，把非洲奴隶贩卖到新世界去。在欧洲本土，天主教徒和新教徒争夺最高权力，数以千计的人民死于这场横扫欧洲大陆的宗教战争。

20世纪

尽管到2000年，西方世界的人口平均寿命已经超过了75岁，但在世界上最贫穷的国家人们仍然只能活到40岁左右。20世纪死于战争的人口总数比任何一个世纪都要多，在第一次世界大战中死亡的人口总数为2000万，而第二次世界大战中这一数字则高达5500万。还有数以百万的人死于可怕的饥荒和传染性疾病，例如艾滋病和流感。

工业时代 公元1750年—公元1900年

较好的医疗知识和逐步改善的卫生状况意味着人们能够活得越来越长……但前提条件是他们很富有。对于工人们来说，由于住房拥挤，城市肮脏，他们的平均寿命要短得多。还有50多万美国人死于1861年到1865年间的美国内战中恐怖的大屠杀。

中世纪 公元400年—公元1500年

这是一个野蛮侵略者、维京海盗、蒙古牧民、城堡突围战和饥荒等危险并存的时代，无论国王还是农奴日子都不好过。而这时最为糟糕的当属黑死病的爆发了，15世纪40年代它夺走了三分之一欧洲人的性命。

来自远古的冲击

暴乱骚动的场景是什么样的？这些可以将人类扒皮碎骨的史前巨兽是在地球上生存过的体形最大、最为危险的动物……赶紧逃命吧！

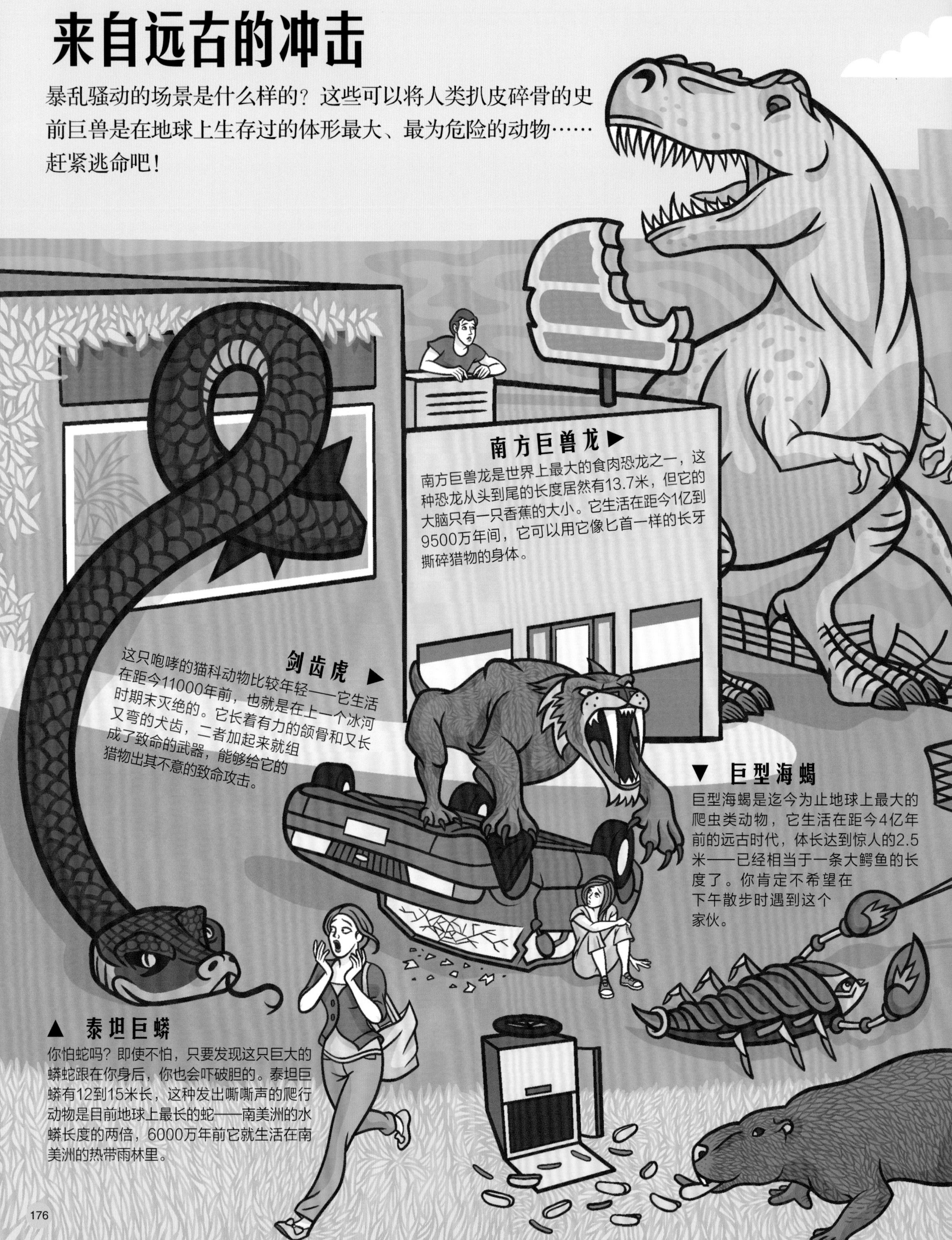

南方巨兽龙 ▶

南方巨兽龙是世界上最大的食肉恐龙之一，这种恐龙从头到尾的长度居然有13.7米，但它的大脑只有一只香蕉的大小。它生活在距今1亿到9500万年间，它可以用它像匕首一样的长牙撕碎猎物的身体。

剑齿虎 ▶

这只咆哮的猫科动物比较年轻——它生活在距今11000年前，也就是在上一个冰河时期末灭绝的。它长着有力的颌骨和又长又弯的犬齿，二者加起来就组成了致命的武器，能够给它的猎物出其不意的致命攻击。

▼ 巨型海蝎

巨型海蝎是迄今为止地球上最大的爬虫类动物，它生活在距今4亿年前的远古时代，体长达到惊人的2.5米——已经相当于一条大鳄鱼的长度了。你肯定不希望在下午散步时遇到这个家伙。

▲ 泰坦巨蟒

你怕蛇吗？即使不怕，只要发现这只巨大的蟒蛇跟在你身后，你也会吓破胆的。泰坦巨蟒有12到15米长，这种发出嘶嘶声的爬行动物是目前地球上最长的蛇——南美洲的水蟒长度的两倍，6000万年前它就生活在南美洲的热带雨林里。

掠食者X ▶
小心！它的牙齿比现存的任何动物都要厉害上十倍，这种上龙（一种远古海洋爬行动物）能把你的汽艇撕成碎屑。这个海洋里出现过的最恐怖的怪物，曾经在1.47亿年前统治过侏罗纪的海洋。
▼ 巨齿鲨
巨齿鲨的体长是大白鲨的两倍，有12米长。它可以把自己长满牙齿的大嘴巴打开到2米宽，足足能一口气吞下一架喷气式滑翔机。
不飞鸟 ▶
不飞鸟是一种体形巨大却不会飞翔的鸟，生活在距今5600万年前到3300万年前。它用自己带钩的脚爪捕获体形较小的哺乳动物，然后用自己巨大的像鹦鹉一样的喙咬断猎物的脖颈。
◀ 水豚
在距今400万年前到200万年前，有一种体形像水牛一样大小的啮齿目动物，它靠食用南美洲的植物维生。单单头骨就有50厘米长。
◀ 怪物哥斯拉
这个来自深海的吓人怪兽是鳄鱼的祖先。它长着一个像恐龙一样的脑袋，却拖着一条像鱼一样的尾巴。怪不得人们管它叫哥斯拉！它的学名是达克龙（*Dakosaurus andiniensis*），活跃在距今1.35亿年前的时代。

图片来源

DK WOULD LIKE TO THANK:
Gail Armstrong, Army of Trolls, Ben the illustrator, Mick Brownfield, Seb Burnett, Kat Cameron, Rich Cando, Karen Cheung, Mike Dolan, Hunt Emerson, Lee Hasler, Matt Herring, Matt Johnstone, Toby Leigh, Ellen Lindner, Mark Longworth, John McCrea, Jonny Mendelsson, Peter Minister, Al Murphy, Neal Murren, Jason Pickersgill, Pokedstudio, Matthew Robson, Piers Sanford, Serge Seidlitz, Will Sweeney, and Mark Taplin for illustrations.

www.darwinawards.com for reference material for "Death by idiocy". Stephanie Pliakas for proofreading. Jackie Brind for preparing the index.

The publisher would like to thank the following for their kind permission to reproduce their photographs:

(Key: a-above; b-below/bottom; c-centre; f-far; l-left; r-right; t-top)

Endpaper images: NHPA / Photoshot: Daniel Heuclin (bird). **Corbis**: Tom Grill (beaker). **Corbis**: Hal Beral (cuttlefish). **iStockphoto.com**: diane39 (toy soldier with trumpet). **iStockphoto.com**: MrPlumo (mountain warning icons). **Alamy**: anthony ling (puppets). **Getty Images**: Popperfoto (Bonnie Parker). **Getty Images**: (Clyde Barrow). **iStockphoto.com**: Fitzer (frames). **iStockphoto.com**: messenjah (toy soldier crawling). **Getty Images**: S Lowry / Univ Ulster (SEM tuberculosis). **Science Photo Library**: Hybrid Medical Animations (AIDS virus). **Getty Images**: (Dr Crippen). **Alamy**: INTERFOTO (doctor's outfit). **Corbis**: Lawrence Manning (toy stethoscope). **iStockphoto.com**: jaroon (men in chemical suits). **Corbis**: Creativ Studio Heinemann / Westend61 (salamander). **Getty Images**: CSA Plastock (orange toy soldier). **iStockphoto.com**: Antagain (wasp side view). **Getty Images**: Schleichkorn (hantavirus). **iStockphoto.com**: ODV (dynamite). **Getty Images**: (toad). **Getty Images**: Science VU / CDC (West Nile virus). **Corbis**: Wave (monarch butterfly, side view). **Corbis**: Randy M Ury (monarch butterflies). **Getty Images**: Renaud Visage
(wasp in flight). **iStockphoto.com**: grimgram. **iStockphoto.com**: YawningDog (medicine bottle). **Getty Images**: Retrofile (woman with hands over mouth). **Getty Images**: SuperStock
(frightened woman).

2-3 iStockphoto.com: pialhovik. **4-5 iStockphoto.com**: pialhovik. **6 iStockphoto.com**: jamesbenet. **6-7 iStockphoto.com**: pialhovik. **18 Alamy Images**: Arco Images GmbH. **Getty Images**: Peter Lilja (c). **18-19 Getty Images**: Ian Logan (t). **19 Alamy Images**: Bob Gibbons. **Getty Images**: Don Farrall (bl); Nick Gordon (br); GK Hart / Vicky Hart (cb). **20 Corbis**: CDC / PHIL (bl); Dennis Kunkel Microscropy, Inc / Visuals Unlimited (tr); Dr David Phillips / Visuals Unlimited (br); Visuals Unlimited (tl). **20-21 iStockphoto.com**: Paha_L (bc). **21 Alamy Images**: Peter Arnold, Inc (clb). **Getty Images**: Retrofile (cl); SuperStock (r). **naturepl.com**: Pete Oxford (tr). **22-23 Getty Images**: Panoramic Images. **24 Corbis**: Hal Beral (bl); Stephen Frink (cb); Tom Grill (beaker). **NHPA / Photoshot**: Daniel Heuclin (tc). **24-25 Corbis**: Image Source (tc); Sebastian Pfuetze. **Getty Images**: (bc). **25 Corbis**: Creativ Studio Heinemann / Westend61 (bc); Tom Grill (tr); Randy M Ury (tl/monarch butterfly); Wave (t/monarch butterfly, side view). **34 iStockphoto.com**: JulienGrondin. **34-35 iStockphoto.com**: pialhovik. **38 iStockphoto.com**: lissart (tr); msk.nina (ftr); Vlorika (tl) (b). **38-39 iStockphoto.com**: Jeroen de Mast (t/background). **39 Getty Images**: SSPL via Getty Images (1/c). **iStockphoto.com**: lissart (tl) (bl) (cr); msk.nina (cla) (cra) (fbl); Vlorika (tr) (br). **40-41 iStockphoto.com**: Platinus. **44 Getty Images**: Dave Bradley Photography (tl); Joel Sartore (bl). **iStockphoto.com**: Barcin (cl) (crb) (tr); StanRohrer (br). **44-45 Getty Images**: Adalberto Rios / Szalay Sexto Sol; Jean Marc Romain (b). **45 Alamy Images**: Lonely Planet Images (cra). **Corbis**: Rob Howard (bc); Jim Zuckerman (fbr). **Getty Images**: Reinhard Dirscherl / Visuals Unlimited, Inc (tl). **iStockphoto.com**: Barcin (cl) (fcra) (tr). **Science Photo Library**: Sinclair Stammers (cla). **50 Corbis**: Association Chantal Mauduit Namaste (ftl); Galen Rowell (ftr). **iStockphoto.com**: MrPlumo (tc) (bc) (bl) (br) (c) (ca) (cb) (cl) (cla) (clb) (cra) (fcra) (tr). **50-51 Getty Images**: Jupiterimages. **51 Getty Images**: AFP (cr). **iStockphoto.com**: julichka; MrPlumo (tc). **52 Getty Images**: Stockbyte (bl). **52-53 Corbis**: Dennis M Sabangan / epa (cb). **Getty Images**: InterNetwork Media (tc); Wayne Levin (bc); Tom Pfeiffer / VolcanoDiscovery (ca). **iStockphoto.com**: jeremkin. **53 Getty Images**: Steve and Donna O'Meara (br); Time & Life Pictures (tr). **54 Corbis**: George Hall (tr); James Leynse (cl). **55 Corbis**: Bettmann (tl) (b) (tr). **56 Alamy Images**: Pearlimage (tr). **Corbis**: Pascal Parrot / Sygma (cl). **Getty Images**: (tl/painting); Stephen Swintek (cr). **iStockphoto.com**: klikk (cl/frame); kryczka (tl). **56-57 iStockphoto.com**: Juanmonino (t); paphia (wallpaper); Spiderstock (c). **57 Dreamstime.com**: Tomd (r). **Getty Images**: Andreas Kindler (cl). **iStockphoto.com**: bilberryphotography (tr); Pojbic (bc); stocksnapper (fbr). **62 Getty Images**: Colin Anderson (r); European (cb). **iStockphoto.com**: Michael Fernahl (bl/burned paper); kWaiGon (bl/smoke); manuel velasco. **62-63 Getty Images**: Arctic-Images (raindrops). **iStockphoto.com**: Grafissimo (t/frame). **63 Corbis**: Jim Reed (tl/hailstone); Peter Wilson (r). **iStockphoto.com**: Dusty Cline (bl); DNY59 (cr); hepatus (bc) (tc); Jen Johansen; Andreas Unger (tl). **Science Photo Library**: Daniel L Osborne, University of Alaska / Detlev van Ravenswaay (tc/red sprite lightning). **66 Corbis**: NASA (bl); Radius Images (cl).
Getty Images: Andy Rouse (br). **iStockphoto.com**: UteHil (tl). **66-67 Corbis**: Bettmann. **67 Corbis**: Arctic-Images (tc); Orestis Panagiotou / epa (bl); Visuals Unlimited (tc). **Getty Images**: Georgette Douwma (br). **iStockphoto.com**: Ybmd (tl). **NASA Goddard Space Flight Center** : http://veimages.gsfc.nasa.gov (bc). **68 iStockphoto.com**: -cuba- (fbl/ Coloured glossy web buttons); grimgram (fcl); k-libre (fclb/web icons); natsmith1 (c) (cr).
69 Getty Images: Harald Sund (bc). **iStockphoto.com**: -cuba- (bl); Denzorr (tc); ensiferum (ftl); narvikk (br); TonySoh (tl); Transfuchsian (tr); yewkeo (ftr). **70 iStockphoto.com**: bubaone. **70-71 iStockphoto.com**: pialhovik. **72 Corbis**: Bettmann (cb); William G Hartenstein (cra). **Getty Images**: Time & Life Pictures (tr). **Science Photo Library**: Detlev van Ravenswaay (cr). **72-73 iStockphoto.com**: ZlatkoGuzmic. **73 Corbis**: Bettmann (fbl) (fcl). **Getty Images**: (fclb); Chad Baker (tl); Don Farrall (cla); Stuart Paton (tr); SSPL via Getty Images (ftr). **Science Photo Library**: NASA (ca). **74 Corbis**: HBSS (cl). **NASA**: (bl). **75 iStockphoto.com**: angelhell (cb/leg muscles) (tc/brain); Eraxion (ca/heart); lucato (bc/hand); mpabild (c). **80 Corbis**: Denis Scott (bc) (ca). **Getty Images**: Stocktrek RF (cr). **iStockphoto.com**: bubaone (l); lushik (bl); Mosquito (tc); rdegrie (fcl). **80-81 NASA**: JPL-caltech / University of Arizona (b). **81 Corbis**: Denis Scott (cl) (bl) (br).
Getty Images: Antonio M Rosario (fcr); Time & Life Pictures (tc); World Perspectives (fcl). **iStockphoto.com**: Qiun (fbr). **82 Corbis**: Hello Lovely (cl); Image Source (br); Kulka (tr). **iStockphoto.com**: Ljupco (bl/hip hop artist). **82-83 Corbis. 83 Corbis**: Bloomimage (tc); Peter Frank (crb/beach); Klaus Hackenberg (cr/floodlights); Bob Jacobson (tr); Radius Images (br/deckchairs). **90 iStockphoto.com**: browndogstudios. **90-91 iStockphoto.com**: pialhovik. **92 Corbis**: Library of Congress - digital ve / Science Faction (cr).
Getty Images: (r) (l); Time & Life Pictures (cl). **92-93 Getty Images**: Charles Hewitt. **93 Alamy Images**: INTERFOTO (tc/Santorino Santonio). **Corbis**: Bettmann (c). **Getty Images**: (r). **iStockphoto.com**: huihuixp1 (tc/frame). **94 Corbis**: Dennis Kunkel Microscropy, Inc / Visuals Unlimited (cl/anthrax spores); National Nuclear Security Administration / Science Faction (tr/mushroom cloud); Sion Touhig (cla/ dead sheep). **iStockphoto.com**: adventtr (br); arquiplay77 (tc); goktugg (tl/lined paper) (ca/Top Secret); Oehoeboeroe (tc/confidential stamp) (cr); ranplett (tr) (bl). **94-95 iStockphoto.com**: benoitb. **95 Alamy Images**: offiwent.com (fbl). **Corbis**: Handout / Reuters (tr). **iStockphoto.com**: deeAuvil (t/folder); evrenselbaris (cl/ink splats); jpa1999 (c/open book); Kasiam (c/pen); Oehoeboeroe (tc) (cb) (cr); subjug (b/folder).
98 iStockphoto.com: gynane (br); spxChrome (tl) (cb); wir0man (fclb). **98-99 iStockphoto.com**: lordsbaine; pederk (explosion).
99 Getty Images: Jeffrey Hamilton (br). **iStockphoto.com**: GeofferyHoman (bc); ODV (tr); spxChrome (bl) (cla). **100 Getty Images**: S Lowry / Univ Ulster (cla); Dr F A Murphy (ca); Bob O'Connor (bl); Science VU / CDC (cra). **iStockphoto.com**: jaroon (bc) (br) (cb). **Science Photo Library**: CDC (tr). **100-101 iStockphoto.com**: Fitzer. **101 Corbis**: Sean Justice (b/rope barrier); Visuals Unlimited (tr). **Getty Images**: Clive Bromhall (clb); Bob Elsdale (tc); Bob O'Connor (bl); Schleichkorn (cr). **iStockphoto.com**: jaroon (br) (bc); pzAxe (ftl). **Science Photo Library**: London School of Hygiene & Tropical Medicine (tl); Science Source (cl). **102 Alamy Images**: ICP (tl/shop interior). **iStockphoto.com**: Geoffery Holman (br); LisaInGlasses (cr/ shop sign). **102-103 Alamy Images**: Art Directors & Trip (shop window). **iStockphoto.com**: avintn (b). **103 Alamy Images**: ICP (tr/ shop interior). **106-107 iStockphoto.com**: tibor5. **108 Corbis**: Library of Congress - digital ve / Science Faction (tl). **109 Corbis**: Caspar Benson (cr/treasure chest); Fabrice Coffrini / epa (br/figures); Michael Freeman (clb); Reed Kaestner (bc); Radius Images (c/skeleton). **114 iStockphoto.com**: hunkmax. **114-115 iStockphoto.com**: pialhovik. **118 Corbis**: Dr John D Cunningham / Visuals Unlimited (fbl); Tomas Rodriguez (bc). **Science Photo Library**: BSIP Ducloux / Brisou (crb); Clouds Hill Imaging Ltd (fbr); Eye of Science (bl). **118-119 iStockphoto.com**: gmutlu. **119 Corbis**: Dr Dennis Kunkel / Visuals Unlimited (fbr); Photo Division (br); Christine Schneider (fbl); Visuals Unlimited (bl) (cr). **Science Photo Library**: E R Degginger (c). **122 Getty Images**: Charles Nesbit (3/bc/wasp); Renaud Visage (2/bc/ wasp). **iStockphoto.com**: Antagain (1/bc/wasp) (4/bc/wasp) (5/bc/ wasp) (6/bc/wasp). **124 Alamy Images**: Mary Evans Picture Library (crb); Old Paper Studios (clb). **Corbis**: Bettmann (cra). **Getty Images**: Theodore de Bry (cla). **iStockphoto.com**: tjhunt (tr) (bl) (br) (tl). **124-125 iStockphoto.com**: hanibaram. **125 Alamy Images**: Peter Treanor (cr). **iStockphoto.com**: tjhunt (t) (br) (c) (clb). **Science Photo Library**: Hybrid Medical Animations (bl); National Museum of Health and Medicine (tc). **128 Getty Images**: David Chasey (cr). **iStockphoto.com**: alashi (cb); IgorDjurovic (t); JohnnyMad (fbl); ULTRA_GENERIC (bl); WendellandCarolyn (clb) (c). **128-129 Alamy Images**: David Cole; Freshed Picked (c). **129 Getty Images**: Tom Grill (fbr). **iStockphoto.com**: EuToch (cb); WendellandCarolyn (br); windyone (bc).
132 Getty Images: Manfred Kage (tl). **iStockphoto.com**: -cuba- (fbl) (fclb/refresh icon); k-libre (fcl/home icon) (clb/hotel icon) (tc/restaurant icon); roccomontoya (ftl); RypeArts (fcla); xiver (bc/Pointing finger). **Science Photo Library**: Eye of Science (cra); A Rider (bc). **132-133 Getty Images**: Kallista Images (background). **iStockphoto.com**: k-libre (3/Web icons set). **133 iStockphoto.com**: Pingwin (ftr/insects) (cra/volume icon); runeer (ca/icon); ThomasAmby (tl/award ribbon); xiver (ftr/pointing finger icon) (clb) (crb) (fclb). **Science Photo Library**: (tl); Herve Conge, ISM (bc); Eye of Science (br); National Cancer Institute (bl); Sinclair Stammers (ca). **136 iStockphoto.com**: 4x6 (l); apatrimonio (r). **136-137 iStockphoto.com**: pialhovik. **138-139 iStockphoto.com**: zoomstudio (t/old grunge postcard). **139 iStockphoto.com**: zoomstudio (b/old grunge postcard). **144-145 iStockphoto.com**: soberve. **148-149 Corbis**: Sandro Di Carlo Darsa / PhotoAlto. **150 Corbis**: Reuters (br). **Getty Images**: (tr); AFP (cr). **150-151 Corbis**: Annebicque Bernard / Sygma (b); Kirsty Wigglesworth / POOL / Reuters (monitors). **Getty Images**: Jorg Greuel. **151 Corbis**: Jean-Christophe Bott / epa (cl); Pascal Parrot (tr); Tim Wright (br). **Getty Images**: (tl); Barcroft Media via Getty Images (cr). **154 Corbis**: CHINA PHOTOS / Reuters (cb); James Nazz (tr/lockers) (br); Andy Rain / epa (cla). **Getty Images**: (ftl) (tc); Caspar Benson (cra); Brian Hagiwara (tr/pink and green bottles); Popperfoto (fcl); Stockbyte (tr/ orange bottles); WireImage (clb). **iStockphoto.com**: Pannonia (crb). **155 Corbis**: Stephen Hird / Reuters (cla) (bl/lockers); James Nazz (tl/ lockers). **Getty Images**: (clb); AFP (br); Jeremy Woodhouse (fbl). **iStockphoto.com**: PLAINVIEW (cr). **Miura Dolphins**: (tl); Akira Kotani (tc). **156 Corbis**: Frank Muckenheim / Westend61 (br). **Getty Images**: AFP (cra). **157 Corbis**: Image Source. **Getty Images**: (cla). **160 Alamy Images**: Photos12 (c) (tr). **Getty Images**: Headhunters (l); Geir Pettersen (ca); Kamil Vojnar (tc). **161 Alamy Images**: Photos12 (tl/ head) (cr). **Corbis**: Bettmann (r). **Getty Images**: Chip Simons (cra). **The Kobal Collection**: Hammer (cla). **164 iStockphoto.com**: Denzorr (r). **164-165 iStockphoto.com**: pialhovik. **168 Alamy Images**: Paul Laing (bl); Pictorial Press Ltd (br). **Corbis**: Eric Thayer / Reuters (tl). **Getty Images**: (cr). **iStockphoto.com**: sx70 (r). **168-169 iStockphoto.com**: goktugg (splashed paper); spxChrome (folded poster background). **169 Alamy Images**: INTERFOTO (clb); Timewatch Images (cla). **Corbis**: Bettmann (tl); Chris Hellier (br). **fotolia**: AlienCat (tr). **Getty Images**: SSPL via Getty Images (bl). **170 Alamy Images**: INTERFOTO (fcl) (clb) (fbr); Ian McKinnell (cl) (crb). **Corbis**: Bettmann (cra); Lawrence Manning (fcrb/stethoscope). **Getty Images**: (fcr); Sam Chrysanthou (c). **170-171 Getty Images**:; Matt Henry Gunther (bc). **171 Alamy Images**: anthony ling (br); Ian McKinnell (tl). **Getty Images**: (cr); Burazin (fbr); Popperfoto (fcr). **172 iStockphoto.com**: messenjah (clb). **173 Getty Images**: CSA Plastock (tr). **iStockphoto.com**: diane39 (bc); matt&stustock (br); messenjah (cb); wragg (crb). **180 iStockphoto.com**: AdiGrosu (tl/stethoscope); buketbariskan (crb/snail shells); dirkr (fcra/black liquid in medicine bottle); EmiSta (ca/mouse); Floortje (cra/bandage); kamisoka (tr/old envelope); kramer-1 (bc/label); LuisPortugal (ftr/snail) (ca/medicine bottle) (cb/three bottles); Luso (fclb/empty bottle); pjjones (tr/toad); pkline (bl); rzdeb (cra/blood stain); sharambrosia (br/pestle & mortar); Westlight (tl/corks). **180-181 iStockphoto.com**: PhotographerOlympus (floor); zmeel (tc/cardboard box). **181 iStockphoto.com**: Angelika (tl/cardboard box); BP2U (crb); cloki (ftr/smoke); Ekely (ftr); EmiSta (br); kramer-1 (fbr/label); Ivenks (bc); mayakova (cb); ranplett (ftl); topshotUK (bl); Westlight (fcrb/corks) (cr/bottles); YawningDog (cl/brown bottles); Alfredo dagli Orti (tr). **184 Corbis**: Gianni dagli Orti (tl). **Getty Images**: DEA / M Seemuller (bc). **184-185 The Bridgeman Art Library**: Private Collection (b). **185 The Bridgeman Art Library**: Private Collection / Johnny Van Haeften Ltd, London (tl). **Corbis**: National Nuclear Security Administration / Science Faction (tr); Stapleton Collection (br)

Jacket images: *Front*: **Corbis**: Randy M Ury (butterflies); **Getty Images**: Renaud Visage (wasp); **iStockphoto.com**: ODV (dynamite)